恐龙家族

走进恐龙世界

ZOUJIN KONGLONG SHIJIE

恐龙
大百科

张玉光 ◎ 主编

青岛出版集团 | 青岛出版社

恐龙的家谱

恐龙凭借强大的实力统治地球长达 1.6 亿多年。在这段漫长的岁月里，它们不断繁衍生息，后代不断发展壮大，形成了一个种类繁多的庞大家族。在这个家族里，成员特征复杂，外表千姿百态。那么，面对恐龙家族的诸多成员，古生物学家是怎样区分和识别它们的呢？

两大阵营

古生物学家根据恐龙骨盆（科学上称之为"腰带"）的构造，将恐龙分为两大类：一类叫蜥臀目，一类叫鸟臀目。

鸟臀目恐龙的腰带为四射型，其肠骨、坐骨分别维持原来的两个方向，唯有耻骨分别向前上方和后下方两个方向放射排列，并且耻骨和坐骨排列保持水平方向。它们的腰带与现生鸟类的腰带相类似，不过它们跟鸟类之间似乎没有丝毫的演化关系。这类恐龙在恐龙家族中多属于体形中等的类群。

肠骨

坐骨　　耻骨

蜥臀目恐龙的腰带为三射型，其肠骨、耻骨和坐骨分别按照一个方向放射排列。它们的腰带与蜥蜴的腰带十分类似，所以它们得名"蜥臀目恐龙"。这类恐龙在恐龙世界里往往属于体形庞大和习性凶猛的类群。

肠骨

坐骨　　耻骨

恐龙：我们还有更多种类！

其实，不管是蜥臀目恐龙还是鸟臀目恐龙，它们的肠骨、坐骨和耻骨之间都带有孔，而这种孔在其他种类的爬行动物身上是不存在的。古生物学家认为，与其他爬行动物比起来，蜥臀目恐龙和鸟臀目恐龙之间显然有着更为紧密的亲缘关系。如果将鸟臀目和蜥臀目恐龙继续往下划分的话，我们还可以分出更多的类别：

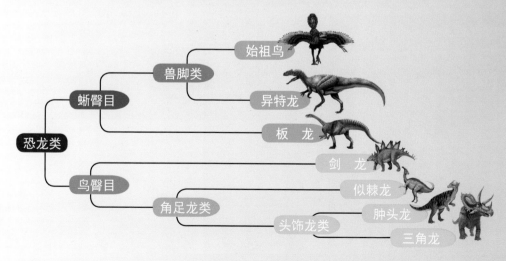

恐龙分类演化图示例

鸟臀目

1. 鸟脚类：这一类别的成员都是植食恐龙，一般用两足行走，也有用四足行走的。它们的前肢比较灵活，可以用来抓取食物。

禽龙　　　　　　　肿头龙

2. 剑龙类：这类恐龙身躯庞大，通常用四足行走。它们的肩膀与尾部一般长有尖棘。古生物学家认为这是用来防御敌人的。其背部通常有两排用途不定的骨板，可能是用来求偶或者调节体温的。

华阳龙　　　　　　沱江龙

3. 角龙类：角龙类恐龙通常头上长有不同的角。它们在各自体形上差别很明显，有的小如山羊，有的大如巨象。它们多以植物为食，很可能过着群居生活。

三角龙　　　　　鹦鹉嘴龙

4. 甲龙类：这类恐龙体形健壮敦实，外表多披着厚厚的骨板铠甲，长有锋利的棘刺，看上去就像危险的战车。它们中有的尾部还长着尾锤。

甲龙　　　　　　蜥结龙

蜥臀目

　　1. 原蜥脚类：原蜥脚类恐龙在三叠纪晚期出现，是蜥臀目中出现最早的恐龙，一般体形较大，靠后肢行走。从牙齿看，它们多食用植物，但不排除食肉的可能。也有人认为它们属于杂食类。

许氏禄丰龙　　　　　　　　　　板龙

　　2. 蜥脚类：这类恐龙是原蜥脚类恐龙的非直系后裔，身体笨重，多采用四足行走。在所有的陆生脊椎动物中，它们属于体形巨大的种类，一般长着小脑袋、长脖子，大腿粗壮，尾巴较长，以吃植物为主。

马门溪龙　　　　　　　　　　火山齿龙

　　3. 兽脚类：该类恐龙全部用两足行走，牙齿巨大、锐利，外形恐怖，性格凶残，多为顶级的掠食者，一般处于恐龙食物链的顶层。

霸王龙　　　　　　　　　　鲨齿龙

好吃肉的家伙

　　肉食恐龙看似凶猛无比，却有难言的苦衷——比起植食恐龙食用植物即可饱餐，肉食恐龙在寻找食物方面花费的体力、精力可就多了。它们必须想方设法采取各种战术将目标猎物变成口中餐。不过，通常肉食恐龙在一次饱餐后可以几天不吃东西。

显著特征

　　肉食恐龙往往有着结实的颌骨和匕首般锋利的牙齿。它们大都前腿短小，靠强健的后腿行走。这些家伙有着多种多样的捕食技巧，如果单打独斗不能取胜，就会群体围攻身形出众的植食恐龙。面对如此难缠的对手，一般的猎物自然难以抵挡。

牙齿

　　肉食恐龙的牙齿排列比较凌乱，齿尖基本带有明显的弯曲弧度，边缘多呈锯齿状。有的肉食恐龙的牙齿呈匕首状。

霸王龙（肉食恐龙）牙齿化石

永川龙（肉食恐龙）牙齿化石

驰龙的爪子

重爪龙的爪子

爪子

一般而言，肉食恐龙需要捕猎，爪子是它们的利器之一。想要给猎物造成伤害，它们的爪子就要像鹰爪一样窄小尖锐，能牢牢叉住并撕裂对方的皮肉。

颌骨

肉食恐龙的上下颌骨骼通常很强壮，并且具有一定的厚度，能够产生强大的咬合力。

肉食王者

　　一般情况下，实力雄厚的大型肉食恐龙多习惯单独活动。它们依靠自己的力量便能捕获植食恐龙，不必与同类分食战果。霸王龙、南方巨兽龙、巨齿龙等恐龙都是霸气的"独行侠"。

霸王龙的伏击术

　　霸王龙堪称肉食恐龙中的顶级掠食者。它们通常会悄悄地隐藏在猎物出现的地方，一旦发现目标，便会抓住机会瞬间发动猛烈袭击，用健壮的身体将猎物扑倒在地，然后张开血盆大口撕咬猎物的皮肉，直到对方无力挣扎彻底毙命为止。

天生猎手——南方巨兽龙

　　南方巨兽龙是天生的捕猎者。它们不但长有硕大又狭长的嘴巴，还长有薄而锋利的牙齿。据推断，这种猎手的咬合力以及撕咬猎物的速度非一般恐龙所能比。所以，通常很多猎物还没来得及反抗就已死掉。

南方巨兽龙

水陆两栖霸主——棘龙

棘龙不仅是最大的兽脚类恐龙，还有可能是地球上有史以来最大的食肉动物。它们那庞大的身躯连霸王龙和南方巨兽龙都望尘莫及。而且，与肉食家族其他成员前肢短小的情况不同，棘龙的前肢充满力量，不仅可以捕杀陆地动物，还能在水里捕食鱼类，可谓横行水陆的"制胜利器"。

棘龙

肉食"拍档"

小型肉食恐龙大多善于奔跑，常常几只聚集在一起进行群体觅食。当发现猎物后，它们便会伺机靠近，然后群起而攻之，用尖牙利齿撕咬猎物。这些肉食主义者主要以小到中型的恐龙为猎物，有的也会吃昆虫、鳄鱼以及蜥蜴等动物。

腔骨龙

　　腔骨龙是一种典型的小型肉食恐龙。古生物学家通过研究化石发现，这种恐龙可能会聚集在一起群体捕食蜥蜴、鱼类等，有时可能也会上演同类相残的惨剧。

腔骨龙群体捕食

美颌龙

　　美颌龙是一种体形娇小的猎食者，拥有中空的骨头、强健的后肢和细长的尾巴。这让它们在追逐猎物时变得异常敏捷。它们主要以蜥蜴、青蛙或昆虫等动物为食。

美颌龙捕食

小盗龙捕食

小盗龙

　　大多数肉食恐龙的牙齿两侧边缘呈锯齿状。这能帮助它们快速撕咬猎物。但是，小盗龙不同，其牙齿只有一侧边缘呈锯齿状。这意味着小盗龙只能将猎物囫囵吞下去。小盗龙的食物种类非常多样，空中的飞鸟、陆地上的小动物以及水中的鱼类都有可能成为它们攻击的目标。

嗜鸟龙

嗜鸟龙捕食

　　嗜鸟龙的前肢较长，适合抓握东西；其后肢粗壮有力，能让嗜鸟龙快速奔跑甚至跃起。当发现停留下来的鸟类等猎物时，它们会突然跳起来扑向猎物。不过，这些家伙通常会选择较容易捕食的蜥蜴、小型哺乳动物下手。

11

健康的吃素者

植食恐龙作为恐龙家族的重要成员，同样在恐龙的演化和发展历史上占有重要的地位。尽管这些素食主义者攻击力不够强大，甚至经常受到肉食恐龙的袭击，但可以肯定的是，正是有了它们，恐龙世界才呈现出如此繁荣的景象……

显著特征

植食恐龙的牙齿大都呈棒状或钉状。并且，它们一生可以不断地更换牙齿。其中，蜥脚类恐龙牙齿通常长在上下颌骨的前部，分上下两排；鸟脚类恐龙则嘴巴前部呈喙状，没有牙齿。植食恐龙往往只能咬断食物，基本无法咀嚼。它们通常用位于口腔后部的特殊牙齿将食物磨碎。

牙齿

植食恐龙的牙齿通常比较平整细腻，多呈树叶状、勺状、锉刀状、钉状等形状。

工部龙（植食恐龙）树叶状牙齿　　　　剑龙（植食恐龙）锉刀状牙齿

三角龙　　　　　　　　　　腕龙

爪子

植食恐龙不具备捕食能力，所以它们的爪子比较宽平，既粗糙又坚韧，可以用来走路或者挖掘植物。

颌骨

植食恐龙的颌骨相对薄弱些，没有肉食恐龙的那么厚实。

梁龙颌骨　　　　　暴龙颌骨

各有所爱

虽然植食恐龙数量比较多，但是它们之间很少为争夺食物而发生矛盾甚至大打出手。这是因为不同植食恐龙有着各自喜欢的美味，而且会进食不同地方的植物。

原角龙身材矮小，只能吃靠近地面的低矮植物。

腕龙个子高大，长长的脖子可以帮助它们吃到高大树木上的叶子。

三角龙主要以低矮树木的树叶为食。

梁龙几个小时之内就能将一大片苏铁林一扫而光。

植食一族

在生存竞争十分激烈的恐龙时代，植食恐龙虽不及肉食恐龙那般强悍，却也各有各的生存高招。

马门溪龙

马门溪龙可以称得上植食恐龙中的"巨人"。它们的脖子有的达到 13 米长，比有些长颈鹿的脖子还长 6 倍，使其成为恐龙中的长脖子明星。马门溪龙只要站在地面上，就能轻松吃到长在高处的树叶。但是，由于马门溪龙颈椎上有骨质支柱，与颈椎体平行分布，因此马门溪龙只能左右摆动脑袋。它们的牙齿呈勺状。这应该是为了更加适合进食当时的植被。

甲龙

甲龙全身披着厚重的"铠甲"。不了解它们的话，你可能会以为它们是凶猛的肉食恐龙呢。事实上，甲龙却是植食主义者。它们长着很小的叶形齿，适合啮咬植物。

剑龙

剑龙也是非常典型的植食恐龙。因为臀部较高、肩部低平，它们经常把头置于距离地面约 1 米高的地方——这有利于剑龙觅食低矮的植物。通常情况下，剑龙喜欢到开阔的水源边活动，因为那里

往往长满绿色地毯般茂密矮小的蕨类植物。此时，它们就会像缓慢的收割机一样，用小小的牙齿慢慢啃食和研磨食物。

肿头龙

戴着"头盔"的肿头龙同样是植食恐龙大家族的成员。不过，因为年代久远，证据缺乏，直到今天我们也不能确定它们平时到底喜欢吃什么。肿头龙的牙齿较小，但上面有脊。古生物学家推断，这种牙齿不适合咀嚼那些纤维丰富的坚韧植物。因此，肿头龙可能只吃些植物种子、果实和柔软的叶子。

长脖子恐龙

在距今约 1.5 亿年前，地球上曾活跃着一群拥有粗长脖子的恐龙。这些被称为"蜥脚类"的素食主义者是恐龙家族中数一数二的巨人。它们于侏罗纪时期开始出现，并在以后 1 亿多年的时间里逐步进化成巨大的陆生动物。要知道，它们中的成员至今依然保持着"世界脖子最长动物"的世界纪录呢！

脖子大比拼

古生物学家通过研究蜥脚类恐龙化石发现，这类恐龙的脖子有的能长到 15 米长，大概是长颈鹿脖子长度的 6 倍。而且，这类恐龙的颈椎可多达 19 节，比现生哺乳动物的颈椎多出约 12 节。

梁龙脖子
（长约 6.5 米）

普尔塔龙脖子
（长约 9 米）

波塞东龙脖子
（长约 11.5 米）

马门溪龙脖子
（长约 12 米）

超龙脖子
（长约 15 米）

灵活的长脖子

多年来，古生物学家通过研究发现，蜥脚类恐龙依靠颈椎一系列独有的特性来保持长脖子的正常运行：颈椎中约有 60% 的空气，可以使它们的脖子更加轻盈；环绕在颈椎周围的肌肉、肌腱和韧带能够提高效率，帮助脖子更好地转动。此外，它们庞大的身躯和如同柱子般粗壮的四肢为脖子的运动提供了一个非常稳定的平台。

长脖子原因大猜想

至于蜥脚类恐龙为什么会演化出如此长的脖子，生物学家一直没有定论。有些人认为它们或许是为了能够食用高处的植物叶子才演化成这样的，还有人认为长脖子可能是异性之间相互吸引、炫耀的有利工具。

长脖子"部落"

蜥脚类恐龙家族也是恐龙时代的"名门望族"，其成员分为许多种类，分属于鲸龙科、腕龙科、梁龙科和泰坦龙科等。它们均吃植物，食量惊人。

鲸龙

泰坦龙

腕龙

梁龙

带"武装"的恐龙

对于很多植食恐龙来说，要想在满是食肉动物的危险环境中生存下来绝非易事。为此，它们不仅要掌握一定的逃生、抵御进攻的策略，还要演化出最适合自己的防御设备。这些防御设备可以阻挡敌人的正面进攻，为植食恐龙增加更多的生存机会。

尖爪利器

与肉食恐龙相比，植食恐龙似乎没有什么攻击力。如禽龙等恐龙，既没有庞大的身躯，也没有尾锤，遇险时是不是只能坐以待毙呢？当然不是。它们拥有非常厉害的尖爪利器，可以对侵犯者进行有力的反击。

禽龙前肢上的尖爪

禽龙复原图

尾巴长鞭

一般情况下，肉食恐龙会特别小心地躲避植食恐龙的尾巴。这是因为很多植食恐龙的长尾巴具有很强的杀伤力。比如：如果梁龙甩起那长约10米的尾巴，那么其尾巴就会像鞭子一样，以非常快的速度抽向敌人。倘若哪个倒霉的家伙不慎被打到眼睛或四肢，那么它很可能会暂时失明或即刻摔倒。

快刀出击

剑龙的尾巴上武装着锋利的"尖刀"，可以刺穿肉食恐龙的皮肤。据推测，它们背部的骨质剑板也有一定的自卫作用，可以发出警告信号。

盾角结合

角龙科恐龙通常长着巨大的"盾牌"，口鼻和头顶部位长着尖尖的角。研究人员推测，这些武器一方面可以用来震慑对手，另一方面可以用来自卫。

挥动尾锤

有些植食恐龙为了让自己的尾巴更厉害，在尾尖处进化出硬硬的骨突，使尾巴变成了名副其实的棍棒利器。比如：蜀龙尾巴末端的钉状物可以给敌人致命一击；包头龙身后的"大锤"甩动速度甚至能达到50千米/小时。

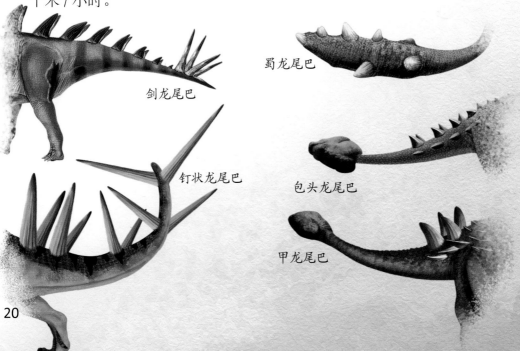

剑龙尾巴

蜀龙尾巴

钉状龙尾巴

包头龙尾巴

甲龙尾巴

"铠甲"护身

如果敌人异常凶猛，秘密武器没有实际的攻击效果，那该怎么办呢？很多恐龙为了防止这种危险发生，在体表长出了护身"铠甲"。这层护身"铠甲"多由骨头片或节结组成，与骨骼不相连，紧紧地贴在皮肤上。很多气急败坏的敌人拿这层刀枪不入的"铠甲"毫无办法。包头龙偶尔就会像现在的爬行动物乌龟一样，一动不动地趴在地上，让敌人来碰"钉子"。

"钢盔"硬碰硬

对于肿头龙来说，没有什么武器比头上的"钢盔"更具有威仪感。它们的"钢盔"实际上是加厚的头颅骨，非常坚硬。雄性肿头龙时常用"钢盔"与同类一决高下。倘若有外敌来犯，"钢盔"也会派上用场，成为顶撞对方的武器。

长着"鸭嘴"的恐龙

　　鸭嘴龙类恐龙是生活在白垩纪晚期的植食恐龙。从古生物学角度来划分，鸭嘴龙类属于恐龙中的鸟脚类，其成员都有着相似的特征，即具有很像鸭嘴的宽大吻端。

鸭嘴龙类的演化

　　最早被发现、鉴定的鸭嘴龙类化石是人们在 20 世纪中期发现的糙齿龙牙齿化石和鸭嘴龙属化石。美国古生物学家约瑟夫·莱迪凭借已发现的化石开展了鸭嘴龙属的古生物学研究，并将这一类恐龙命名为"鸭嘴龙"。

约瑟夫·莱迪（1823—1891）

始鸭嘴龙头骨化石碎片

始鸭嘴龙头部复原

　　不过，约瑟夫·莱迪所命名的并不是年代最早的鸭嘴龙。20 世纪 90 年代，一名业余古生物爱好者在美国得州发现了一具距今约 9500 万年的鸭嘴龙化石。这比人们发现的绝大多数鸭嘴龙化石年代更早。因此，古生物学家把这一类恐龙命名为"始鸭嘴龙"（*Protohadros*），意思是"第一种原始鸭嘴龙类"。事实上，始鸭嘴龙的确是目前已经发现的最古老的鸭嘴龙类恐龙。有的学者还认为始鸭嘴龙很有可能就是鸭嘴龙类恐龙的祖先。

始鸭嘴龙复原图

22

鸭嘴龙类的分支演化

　　按照古生物学家的推测，鸭嘴龙类恐龙的祖先诞生后很快开始分支演化，并且很可能受到外力（气候、环境等因素）影响繁衍出了许许多多大同小异的家庭成员。

山东龙

卡戎龙

短冠龙

埃德蒙顿龙科

慈母龙科

刺栉龙科

亚冠龙

栉龙

栉龙科

鸭嘴龙亚科

赖氏龙亚科

沼泽龙

阿穆尔龙

原巴克龙

鸭嘴龙科

鸭嘴龙超科

不同的"鸭嘴"

　　鸭嘴龙类恐龙颇似鸭嘴的吻端上是没有牙齿的。它们的牙齿一般长在靠后的齿板两侧。进食时，它们会用强有力的两颌把坚韧的植物磨碎。

鸭嘴龙的牙齿化石

23

短冠龙的下颌比其余鸭嘴龙的下颌更宽

大鸭龙头骨无齿喙状嘴部分十分长

博物馆里的高吻龙头骨化石

古生物学家通过研究世界各地出土的化石，发现鸭嘴龙类成员之间宽扁的喙状嘴存在着细微的差异。

1. 短冠龙：作为鸭嘴龙类的成员，短冠龙除了拥有特别的头顶骨质冠和修长发达的前肢，也拥有鸭嘴龙类恐龙特有的"鸭嘴"，但它们的"鸭嘴"要比其他鸭嘴龙类成员的宽一些。

2. 大鸭龙：鸭嘴龙类成员的吻部往往会有一层厚厚的角质把嘴巴严密地包裹住，大鸭龙也不例外。但是，比较特别的是，大鸭龙吻部前端没有牙齿的角质喙长度惊人，有的甚至超过8厘米。

3. 高吻龙：跟其他鸭嘴龙类成员普遍具有的既宽又扁的喙状嘴比起来，高吻龙高高耸起的口鼻部无疑十分特殊。另外，高吻龙角质喙状嘴与齿板两边的牙齿之间存在一定的缝隙，二者可以分工合作。因此，高吻龙可以一边用喙状嘴"剪"断植物，一边用牙齿进行咀嚼。

恐龙的习性

走进恐龙世界

ZOUJIN KONGLONG SHIJIE

恐龙大百科

张玉光 ◎ 主编

青岛出版集团 | 青岛出版社

恐龙的通性

恐龙是中生代耀眼的明星。虽然它们消亡于未知的灾难，但现代人对这些神秘古生物的好奇与探究从未停止过。从化石来看，这些大家伙的模样千奇百怪。那么，问题来了，古生物学家们是如何确认恐龙这个种群的呢？恐龙之间又有什么共通之处呢？

卵生动物

从目前掌握的资料来看，所有的恐龙都是靠产蛋来繁衍后代的。在这一方面，恐龙和鳄鱼、乌龟等大多数现生爬行动物一样。它们在陆地上用脚或口鼻掘出土坑，当作自己的巢穴，方便接下来产蛋。

窃蛋龙与后代　　　　　　　　　　迷惑龙产蛋

恐龙与蛋，谁先谁后？

这个问题简直就是"先有鸡还是先有蛋"的翻版。如果从哲学的角度去思考，恐怕问题将会陷入一个死循环。但是，假如从生物学的角度来考虑，这个命题就很有趣了。

羊膜囊 —— 　　　　　　　　—— 胚胎
壳 —— 　　　　　　　　
卵黄 —— 　　　　　　　　—— 尿囊

羊膜卵结构图

蛋在最早的时候叫"羊膜卵"，意思是外表包裹着一层羊膜的受精卵。羊膜不仅可以保护受精卵，还能帮受精卵摆脱对水的依赖，从而直接在陆地上孵化。可以说，羊膜卵的出现是地球生命演化历史上的一次大变革，推进了爬行动物的诞生。恐龙作为中生代爬行动物的主要种群，自然也要遵从自然规律——先有蛋，后有恐龙。

恐龙出壳

直立行走

世界各地发现的化石表明，恐龙的四肢一般长在身体正下方，从而使恐龙能够直立行走。这点与现生爬行动物有很大不同——四足爬行动物的四肢都是从身体侧边长向两旁的。

▶恐龙的四肢一般长在身体正下方，可以让恐龙直立行走。

◀鳄鱼行走时，其四肢与身体呈横向直角关系。

两种行走方式

恐龙的行走方式主要有两种——四足行走和两足行走。另外，还有的恐龙用四足和两足都可以行走，比如鸭嘴龙。

1.四肢行走：

采用这种方式行走的大部分是植食恐龙。它们身躯庞大，四肢粗壮，走路慢慢悠悠，看起来一点儿都不着急的样子。

马门溪龙　　　　　　　　　　火山齿龙

2.双足行走：

采用双足行走的恐龙大多是凶猛的肉食类。它们后肢非常粗壮，能站立行走；前肢相对瘦弱，有些种类的前肢则比较灵活，可以抓取食物。另外，它们有的可以自由奔跑，但仅限于体形娇小的类型。

霸王龙　　　　　　　　　　鲨齿龙

皮肤和羽毛

多年来，恐龙的骨骼化石为我们全面展示了恐龙的内部结构特征，但有关它们皮肤化石的发现却十分罕见。恐龙的皮肤到底是什么样的？它们是像现生爬行动物那样身上长满鳞甲，还是如鸟类一样全身长着毛茸茸的羽毛？

恐龙皮肤的"印痕"

与容易形成化石被保存下来的骨骼、牙齿相比，恐龙的皮肤要脆弱很多，会随着时间的流逝而很快腐蚀殆尽。但是，在某些情况下，它们的皮肤会以一种特别的形式保留下来。这种形式就是"印痕化石"。虽然有机质的皮肤已经消失了，但是通过珍贵的印痕化石，我们可以清楚地了解恐龙的皮肤构造。

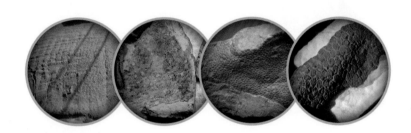

恐龙不同部位的皮肤印痕化石

▲ 从目前发现的恐龙皮肤化石来看，大多数恐龙的皮肤和蜥蜴、鳄鱼等现代爬行动物的皮肤差不多，表面覆盖着不规则的多边形鳞片，有些上面还长有角质骨板。

▶ 科学家结合爬行动物的皮肤推断：恐龙皮肤同样具有防水、质地坚硬的特点，还能够很好地阻止体内水分流失，保护身体，减少伤害。

防水防雨

质地坚硬

保持水分

橡皮筋似的皮肤

古生物学家在研究了恐龙的皮肤化石以后，认为恐龙可能天生就有"厚脸皮"。不过，恐龙的皮肤虽然较厚，但应该具备很好的伸展性，就像橡皮筋一样。如此，恐龙才不会因为皮肤绷得太紧而影响四肢正常的行走或奔跑。

禽龙皮肤复原图

恐龙居然长有羽毛？

前面我们提到，大多数恐龙皮肤上长有不规则的多边形鳞片。此外，还有一些恐龙皮肤比较特别。

20世纪后期，中国古生物学家发现了许多长有羽毛的小型兽脚类恐龙化石。

尾羽龙化石尾部的羽毛印痕很清晰。

在中华龙鸟化石上可以清晰地观察到骨骼周围的羽毛印痕。

在大名鼎鼎的暴龙超科中，有些成员被证实也长有羽毛，例如帝龙、华丽羽王龙。有人甚至认为霸王龙身上也曾覆盖着原始羽毛。不过，在成长过程中，霸王龙慢慢褪去了羽毛，就像现代的大象那样。

是"暖身贴"还是"装饰品"？

部分恐龙长有羽毛（以小型兽脚类恐龙为主），早已在专家们不断的探索发现中得到了认可。但是，问题也随之而来。恐龙为什么要长有羽毛？它们是一出生就长有羽毛吗？古生物学家以中华龙鸟作为研究对象进行了分析。他们认为，中华龙鸟的羽毛可能是用来表明性别的装饰品，就跟现在以羽毛的颜色或者多少来分辨鸟类的雌雄一样。也有研究人员认为，中华龙鸟长有羽毛或许只是想在寒冷的天气里让身体暖和点。

头骨与骨骼

在活恐龙早已消失的今天，古生物学家通过恐龙骨骼化石来了解、还原恐龙的体貌特征。恐龙的骨骼化石会"说话"，可以告诉我们许多鲜为人知的故事。

一只恐龙有多少块骨头？

这个问题并没有统一的答案，因为不同类别的恐龙骨骼数量是不一样的。但是，一般来说，它们的骨骼数量会在300块上下浮动。

正常成年人一共有206块骨头，几乎每块都有自己的名字。古生物学家在野外将恐龙骨骼化石发掘回来后，也需要进行骨骼的比较、解剖，并为它们取名字。对照下图，看看你认识恐龙的哪些骨骼。

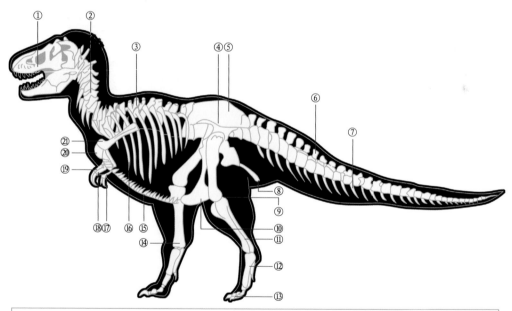

①头骨 ②颈椎 ③背椎 ④荐椎 ⑤肠骨 ⑥尾椎 ⑦脉弧 ⑧坐骨 ⑨股骨
⑩耻骨 ⑪腓骨 ⑫跗骨 ⑬趾骨 ⑭胫骨 ⑮腹膜肋 ⑯肋骨 ⑰尺骨 ⑱桡骨 ⑲肱骨 ⑳乌喙骨 ㉑肩胛骨

1. **头骨**：顾名思义，是构成恐龙头颅的骨头。
2. **脊椎**：是脊椎动物的关键部位，包括颈椎、背椎、荐椎、尾椎。
3. **肩带**：由位于肩部的乌喙骨和肩胛骨组成。
4. **前肢、后肢**：前肢分为上肢和前足部分，后肢分为腿和足，可以支撑恐龙行走。
5. **腰带**：也叫"骨盆"。恐龙的腰带主要由肠骨、坐骨和耻骨构成。

霸王龙的骨骼解剖及各部位名称

不同种类恐龙的骨骼特征

不同种类的恐龙有着不同的形态体貌。以蜥脚类、兽脚类和鸟脚类恐龙为例，我们来看看它们各自的骨骼特征。

蜥脚类

"小脑袋、大个子"是该类恐龙的主要特点。它们的头骨很小，与巨大的躯体不成比例。另外，它们的颈椎和尾椎非常长，乌喙骨与肩胛骨之间连接不紧密，前肢略短于后肢（腕龙除外），胫骨短于股骨，前、后足第一趾的末端指（趾）爪都比较发达。

梁龙骨架

阿根廷龙骨架

兽脚类

兽脚类恐龙的头骨大小不一，但结构粗壮，普遍较长，与颈部的连接比较灵活，便于活动；上下颌内多长满向后弯曲的匕首状利齿，擅长撕咬猎物；后肢强壮，能支撑身体行走；前肢短小，基本起协调、辅助身体稳定性的作用。一部分兽脚类恐龙骨骼中空，身体轻便，善于奔跑。

冰脊龙骨架

冰脊龙复原图

鸟脚类

鸟脚类是恐龙时代演化得很成功的一个种类。其成员多为中小型体形，嘴部扁平，下颌骨前方有单独的前齿骨，牙齿根据环境不同而在形态与功能上有很大的差异；后肢强壮，生有四趾，其中第二、三、四趾发达，第一趾短小，形状与鸟脚相似；前肢较短，但很灵活，可以做具有一定难度的动作。

肿头龙骨架

肿头龙复原图

头骨长廊

对于古生物学家来说，恐龙的头骨是最容易判断和辨识的解剖部位。世界上没有完全一样的两片树叶，恐龙的头骨也是如此，不同种类的恐龙头骨存在着明显的差异。

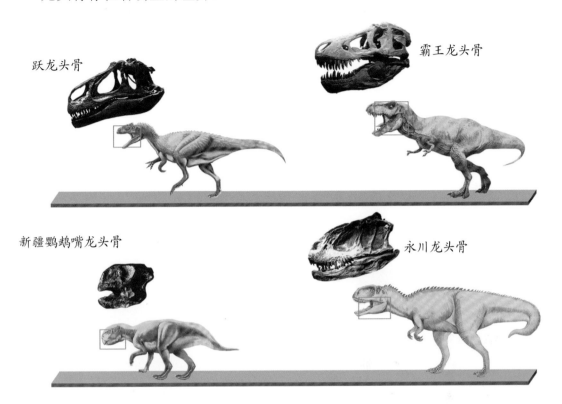

跃龙头骨

霸王龙头骨

新疆鹦鹉嘴龙头骨

永川龙头骨

由头骨而知的信息

恐龙的牙齿或骨质的喙可以传递出它们可能吃什么的信息，角、尾刺等武器展示了它们如何保护自己，头骨的大小则告诉我们其主人是否聪明。

永川龙的颌骨十分发达。它们可以张开大嘴，把食物一口吞下去。

三角龙长着尖锐的角。这是它们保护自己的武器。

剑龙头骨窄小，说明它们智力有限。

鹦鹉嘴龙长着鸟嘴一样的喙状嘴，方便它们撕咬植物。

冷血？ 热血？

关于恐龙到底是热血动物还是冷血动物，古生物学界至今仍在争论之中。其中一方觉得恐龙是一群"热血儿女"，另一方则认为它们是残酷的"冷血杀手"。总之，双方各执己见，始终没有一个定论。那么，恐龙究竟是冷血动物还是热血动物呢？

从头开始的说明

在开始探讨上面的问题之前，我们要先弄懂热血动物与冷血动物的概念。

> **热血动物：**又称"恒温动物"或"温血动物"。它们拥有一套比较完善的体温调节机制，能够在环境温度产生变化的情况下保持相对稳定的体温，包括绝大多数鸟类和哺乳动物，也包括人类在内。
>
> **冷血动物：**也叫"变温动物"。由于它们的体内没有体温调节机制，体温会随着外界温度的变化而起伏波动，因此它们平时只能靠自身行为来调控体温。地球上大部分低等动物属于此类。

蜂鸟

猫

狗

青蛙

鱼

海龟

地球上现生的热血动物（左）和冷血动物（右）

热血、冷血大讨论

在活恐龙早已消失的今天，想要求证它们是冷血动物还是热血动物，最有效的方法就是将它们与现生动物进行比较，看它们是否具备热血动物或冷血动物该有的特点。接下来，我们以鳄类、蛇类为冷血动物的代表，以鸟类、哺乳类为热血动物的代表，将恐龙与两方进行一系列的比较，从而探讨恐龙究竟属于热血动物还是属于冷血动物。

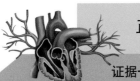

正方：热血	反方：冷血

证据一：关于心脏

体形庞大的恐龙需要拥有强大的心脏，以满足身体血液快速流通的需要，而且血液的流动路线应该呈"8"字形，即它们具有双重循环系统。鸟类和哺乳动物等热血动物就进化出了两条血液循环系统。

证据一：关于骨骼环带

冷血动物不能维持恒定的体温，身体生长受外界环境影响较大，骨骼上会留下类似树木年轮的痕迹。恐龙的骨骼化石上就有类似的生长环带。

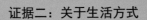

证据二：关于生活方式

经常快速奔跑、跳跃的恐龙如果没有自身产生热量的能力，是不可能维持如此活跃的生活方式的。

证据二：关于爬行动物

恐龙属于爬行动物，而现存的所有爬行动物都属于冷血动物，因而恐龙也应是冷血动物。

证据三：关于哈弗氏管

哈弗氏管中有很多血管，周围有密集的骨质圈。现代的大型热血哺乳动物就具有这种骨骼。科学家在一只重爪龙肋骨化石的切片上发现了相同的骨质圈。这也许可以说明部分恐龙是热血动物。

冷血 + 热血

关于恐龙到底是冷血动物还是热血动物，答案模棱两可。还有很多人认为，不同的恐龙族群有着不同的"血性"：高度活跃的小型掠食恐龙就像鸟类一样，是热血动物；一些小型植食恐龙同现代的爬行动物一样，属于冷血动物；庞大的蜥脚类恐龙则处于两者之间。

重爪龙

13

智力和感官

有人说，恐龙是史前动物中的"傻瓜"。这是真的吗？如果真是这样，它们又怎么能叱咤地球 1 亿多年呢？其实，不同家族的恐龙智力水平是不一样的，有的恐龙反应迟钝，有的恐龙却表现得非常聪明。

身体"指挥部"

恐龙是脊椎动物，它们的神经系统应该同现代脊椎动物的神经系统有相似之处。脊椎动物的特点是由大脑全权指挥身体，即通过眼、鼻、口、耳等感觉器官收集的信息可以及时通过大脑反馈给身体，进而引起肌肉的相关运动。对所有的脊椎动物来说，大脑在刺激运动和协调身体方面发挥着至关重要的作用。

大脑的大与小

测量智力最简单的方法就是比较大脑和身体的相对比例。一般，越聪明的动物大脑占身体的比例会越大。

在现代，以老虎为代表的猫科动物智力水平比较高，鸟类的智力水平次于哺乳动物，而爬行动物的智力水平则普遍比较低。

恐龙的头骨化石中经常含有脑腔残骸。科学家根据这些残骸就可以通过计算机成像技术计算出恐龙大脑的体积。他们发现：恐龙的大脑从葡萄粒到柚子大小，脑容量不等。不过，除了大脑的体积，科学家还要考虑到恐龙体形的大小。

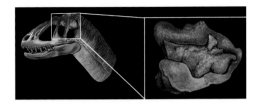

恐龙智商排行榜

根据恐龙大脑体积的大小及其复杂程度，我们可以给恐龙的智商排排行。以下几个种类按智商由低到高排列，分别为蜥脚类、甲龙类、剑龙类、角龙类、鸟脚类、肉食恐龙、伤齿龙类。

蜥脚类　甲龙类　剑龙类　角龙类

鸟脚类　肉食恐龙　伤齿龙类

"第二大脑"

剑龙是已知的大脑最小的恐龙。它们体形庞大，与大象差不多大小，脑容量却很小——只有核桃那么大。古生物学家由此推断：这样袖珍的大脑似乎无法完成指挥全身的重任。在随后的研究中，科学家们还发现剑龙类的脊髓在靠近臀部的椎体中有一个膨大的神经球。这个神经球很可能是跟"主脑"一起控制身体的四肢进行活动的"副脑"。科学家们习惯称这个"副脑"为"第二大脑"。

生存之道

为了进一步了解恐龙的智力情况，古生物学家又对恐龙的生活方式进行了对比。研究发现，行动迟缓的大型植食恐龙生活安逸，不需要猎食，因此一般在"智力排行榜"中垫底。肉食恐龙尤其是小型肉食恐龙则普遍比较聪明。它们在追踪、捕杀猎物的过程中学习并积累捕杀经验，增加猎杀成功的可能性，从而强化自身的捕食能力。可见，智力高低与恐龙的生活方式是息息相关的。

从头骨推理

头骨的结构可以告诉我们恐龙感觉器官的情况：大而前突的眼窝会告诉我们这只恐龙有一双大眼睛，视觉在它的感觉中占重要地位；如果鼻腔很大，就说明嗅觉可能在它的日常活动中起到很重要的作用。

视力如何？

恐龙视力的好坏往往是由眼睛的大小和位置决定的。一般情况下，眼睛大的恐龙视力较好，如霸王龙、驰龙等；眼睛小的恐龙视力情况则相对差一些。

肉食类恐龙的双眼距离较近，而且大多长在脑袋的前面，视域有一部分重合，因此看物体时有立体感，有助于肉食类恐龙捕杀猎物。相反，植食类恐龙的眼睛多位于头顶的两侧，双眼的距离较远。这样的眼睛不仅能让它们看到前面的危险，还能让它们及时发现身后的敌人。

你知道吗？

伤齿龙拥有非常大的眼睛，并且拥有同等体形恐龙中体积最大的大脑。它们已经进化出完善的双眼视觉，大脑可以同时控制奔跑、协调爪子以及处理移动猎物等信息。

踏石留痕

在众多恐龙化石里，足迹化石是比较特殊的一类。恐龙足迹并不是恐龙躯体的一部分，而是恐龙在行走、奔跑过程中留下的脚印痕迹。

经过多年的寻觅，人们相继在世界各地发现了恐龙的足迹。这些足迹经受住时间的磨砺和洗礼，渐渐变成了化石。正是这些足迹化石让我们找到了恐龙行为方式的重要线索，从而为恐龙行为的研究提供了宝贵证据。

苛刻的形成条件

足迹化石在形成过程中不仅需要面临时间的考验，还会受到地面湿度、坡度、颗粒大小等诸多因素的制约和影响。只有在具备充足条件的前提下，恐龙的脚印才有可能转化成化石。

恐龙足迹化石形成过程示意图

脚印的故事

多数的恐龙足迹是由单一恐龙个体留下的，但在一些地方人们也曾发现过多个个体遗留下的恐龙足迹群。人们推测，这种情形的足迹通常是由某个恐龙家族迁徙时留下的。古生物学家可以根据足迹的形状、大小、步幅等大致推测出这些足迹是哪种恐龙留下的。一般，兽脚类恐龙长着鸟类一样的大爪，脚趾相对较长而且有分叉；植食的蜥脚类恐龙通常长着圆形或卵形的脚。

植食恐龙的足迹化石　　肉食恐龙的足迹化石

你知道吗？

有时人们会在悬崖峭壁上发现恐龙的足迹。这究竟是怎么回事呢？原来恐龙在行走过程中留下脚印后，这些脚印慢慢地被掩埋起来，后来渐渐变成岩石。由于地壳发生了构造运动，之前近乎水平的岩层发生了倒转或变形。于是，这些脚印就随着岩层的变动跑到了峭壁上。

藏在脚印里的信息

1. **推测身高**。古生物学家通过研究足迹化石可以大致推测出恐龙的身高。不过，单纯依靠足迹化石得出的身高数据并不严谨。目前，古生物学家主要靠研究恐龙的骨骼化石来推断恐龙的身高。

2. **计算速度**。足迹化石不仅可以显示出恐龙的前进方向，还能反映出它们的行进速度。要想计算出速度的数值，古生物学家只需要掌握两个数据：一是恐龙的足长；二是脚印间的距离。

群居还是独行

　　自然界的群居行为对于增强动物对生态环境的适应能力和种群的繁荣具有十分重要的意义。恐龙是否有群居行为？这个问题在古生物学界长期存在疑问。科学家通过研究大量的化石证据，认为：不同种类的恐龙对于群居或独居生活有着各自的偏好。一般情况下，多数植食性恐龙和相对弱小的肉食性恐龙比较钟爱"集体生活"，而强大的肉食性恐龙则更喜欢独来独往。

迁徙的途中，"长辈们"让小长颈龙走在中间，以防敌人偷袭。

"团队"力量大

　　恐龙的足迹化石以及骨骼化石的埋葬情况告诉我们：很多植食性恐龙过着有组织的群体生活，比如迷惑龙、鸭嘴龙等。它们在觅食或迁徙时，内部往往会有带领"团队"活动的首领；遭遇敌害时，成员们会同仇敌忾，用群体力量抵御对方的攻势。肉食恐龙中的小型种类，如虚骨龙类等，也常常成群地一起栖息、觅食，像今天的狼群一样。

万里"独行侠"

　　有些肉食性恐龙体形很大，显得十分强悍。它们既不需要同类保护自己，又不需要"盟友"配合捕食。相反，对于这些恐龙来说，同类多半是抢夺猎物和地盘的竞争对手。所以，它们宁愿独自生活。不过，在繁殖期，这些肉食性强者会有一段短暂的"同居"生涯。

　　所谓"一山不容二虎"，为了争夺地盘，两只霸王龙正进行着一场殊死较量。

你知道吗？

　　庞然大物霸王龙是恐龙界的顶级掠食动物，它们的体长可达14.7米，体重可接近15吨，有的仅仅是头部的长度就能达到1.5米。霸王龙是否属于独居动物仍然值得商榷，但它们很有可能是以家庭为单位一起生活的，但外出掠食应该是独立行动的。

为蛋寻母

当人们还在认为恐龙不会养育子女时，研究人员发现了坚守巢穴、保护恐龙蛋的窃蛋龙。自此以后，科学家修正了以往对恐龙父母的误解。一直以来，研究者为了给恐龙蛋寻母，可谓绞尽脑汁、尽心竭力。如今有了"护蛋使者"的出现，这项工作逐渐变得容易起来。

生命伊始

与现生爬行动物一样，恐龙也是通过产蛋的方式繁育后代的。小恐龙在蛋壳里长成雏形。它们会蜷缩在蛋壳里，靠吸收蛋液来维持孵化前的营养，直到凿穿蛋壳，破壳而出。

一组恐龙蛋化石

你知道吗？

恐龙会在松软的泥土上筑巢，把蛋产在土坑里。

有的恐龙一次能产下 10 枚左右的蛋，但有的恐龙却能一次产出 40 枚左右。

恐龙蛋竟然这么小?

恐龙蛋与父母的体形比起来，可以说大小相距甚远。一颗恐龙蛋也许只有四五个鸡蛋加起来那么大。迄今为止，人们在中国河南西峡地区发现过的最大恐龙蛋大约有 45 厘米长。

转折的出现

曾经，科学家们认为所有的恐龙都不会养育后代。但是，在 20 世纪初，人们在一个恐龙巢穴里惊奇地发现了一名"护蛋使者"。至此，恐龙不养宝宝的观点被轰然推翻。

"护蛋使者"

20 世纪 20 年代，科学家们在蒙古发现了一个恐龙巢穴。比起巢里的恐龙蛋化石，他们似乎对在巢穴附近发现的窃蛋龙化石更感兴趣。一开始，他们认为窃蛋龙可能在偷食恐龙蛋时被巢穴主人原角龙发现并杀死。但是，最新的研究发现，窃蛋龙应该是在为蛋取暖保温或者进行孵化。

在蛋窝上的窃蛋龙骨骼化石

科学家们也曾试想过，有的恐龙用沙土、植物把蛋埋藏起来，可能不仅是为了躲避掠食者，或许更重要的还有保温孵化的目的。如此看来，那只窃蛋龙并不是"偷蛋贼"，反而是名"护蛋使者"。

这些新的化石埋藏发现让人们对恐龙父母有了全新的认识，从而改变了他们以往形成的观点——恐龙极少有养育后代的行为习性。现在看来，像窃蛋龙这样甘愿奉献的父母原来也是大有"龙"在的。

边走边生

当然，并不是所有的雌恐龙都会成为尽职尽责的好妈妈。有些恐龙既不会筑巢，也不会照顾幼小的恐龙。有的恐龙甚至会一边走路一边下蛋，圆顶龙就是如此。

小知识

恐龙蛋与鸡蛋在特性上一样，都需要足够的温度和环境条件才能孵化。而且，小恐龙在未破壳前很容易成为捕食者的美餐。因此，最后能孵化出壳并顺利成长的小恐龙并不多。这或许也是有的恐龙家族"人丁稀少"的原因之一。

走进恐龙世界

ZOUJIN KONGLONG SHIJIE

恐龙大百科

张玉光 ◎ 主编

青岛出版集团 | 青岛出版社

难言的过去

遥远的 46 亿年前，经过极其漫长、复杂的演化之后，在原本混沌的世界中诞生了宇宙中的新成员——地球。从此，这个舞台上开启了丰富多彩、万物竞发的新局面。之后的数亿年间，地球逐级"进步"，不但经历了沧海桑田的海陆变迁，还带来了生命世界的无比繁荣与兴盛。在这充满无穷奥秘的地球生命演化史册上，毋庸置疑，恐龙曾是非常耀眼的动物"主角"。那么，兼具霸气与智慧的远古恐龙究竟是如何演化而来的？这其中似乎有据可循，但也少不了科学家在无数实证基础上的预言与推断。现在，让我们依据一些蛛丝马迹来还原那段鲜为人知的历史……

46 亿年前
生命的摇篮

地球形成之初，火山活动异常频繁。水蒸气、氢气、甲烷、二氧化碳等地球内部的气体不断被携带到地球表面。随着时间的推移，它们慢慢形成大气层。后来，地球渐渐冷却，大气环境中的水蒸气遇冷，形成雨水降落到地面。随着雨水越来越多，原始的浩瀚海洋便形成了。

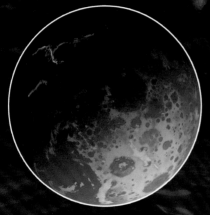

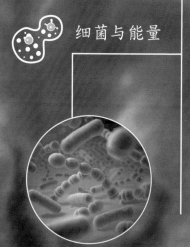

细菌与能量

多数科学家认为：原始海洋形成以后，一次偶然的机会，溶解在海水里的含碳物质发生了系列化学反应。就这样，小小的细菌诞生了。细菌在扩军的过程中要不断消耗能量。但是，因为资源供给非常有限，它们之间不免要产生竞争。正是由于竞争，这些原始生命才得以发展进化。令人惊喜的是，在进化过程中，细菌可以进行光合作用，从阳光中汲取能量。

28 亿年前

蓝细菌

在距今约 28 亿年前的海洋里，蓝细菌（又称"蓝绿藻"）出现了，成为地球上最早出现的原核生物。它们能进行光合作用，释放一定的氧气。它们死亡后，与泥沙沉积物混合，可形成能"呼吸"的叠层石。

3

蓝细菌依靠强大的繁殖能力，在原始海洋中成为优势物种。它们释放的氧气使原始海洋中的二价铁被氧化沉积，使得海洋变得更适合生命生存。氧气被不断释放于大气中，在紫外线和雷电的作用下形成臭氧，并慢慢积累形成臭氧层。这为后期更多生命的登陆营造了安全的环境。

叠层石——有生命的岩石

叠层石的秘密

蓝细菌等微生物在产生氧气的同时也会分泌黏性的胶状物。这些胶状物会将海水中的一些矿物质、碎屑、颗粒等黏结在一起，形成沉积物，层层堆叠、积累在海底或岩石表面，最终形成一种特殊的有机沉积结构，即叠层石。

叠层石记录了地球古老的生命，是最古老的化石，被科学家视为"破解地球生命起源与环境演化的金钥匙"。

叠层石在外在形态上是多种多样的，有柱状的、锥状的、纹层状的、枝状的、圆顶状的等。它们在前寒武纪在地球上广泛分布，之后随着后生动物的繁荣而急剧衰落。

生命的"黑烟囱"

20世纪70年代，科学家在太平洋海底意外地发现了一种类似"黑烟囱"的热泉。之后，随着研究的深入，人们发现海底热泉附近虽然高温缺氧且含有大量有毒物质，却生活着一大批生物。这些生物种类众多、形态原始，与周围环境构成了稳定的生态系统。由此，很多科学家认为：原始生命很有可能诞生在38亿年前的深海里。

生活在海底热泉周围的生物

冒着"黑烟"的海底热泉

单细胞真核生物登场

在环境因素的驱动下，原核生物蓝细菌生态体系走向衰落，单细胞真核生物开始兴起，并逐步走向繁荣。

单细胞真核生物包括很多种类，如一些藻类、原生动物、原

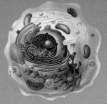

真核生物

生菌类等。随着海洋中生物数量的增多，营养"争夺战"越来越激烈。巨大的生存压力让真核生物逐渐分化成两类：一类不断加强运动机能，争夺更多的食物；一类加强光合作用机能，为自己创造更多的食物。这两类真核生物以后分别演化为动物和植物。

多细胞生物出现

又过了很久，单细胞生物逐渐演化成多细胞生物，多细胞藻类、多细胞动物大量出现。

当时的多细胞动物虽然原始，但已形成较为复杂的结构。例如：海绵的体表长有许多小孔。这些小孔是海绵用于摄食的结构，在功能上相当于嘴。

埃迪卡拉动物群

　　1947 年，古生物学家在澳大利亚南部的埃迪卡拉山附近发现了大量的古生物化石。经研究，这些化石距今已有约 5.6 亿年的历史。与现生动物身体结构呈两侧对称不同，化石所显示的生物身体结构大都呈辐射对称。它们被称为"埃迪卡拉动物群"。

你知道吗？

　　科学家通过研究发现，大多数来自埃迪卡拉的动物身体是扁平的。这是为什么呢？其实，这与它们当时生存的环境有关。在那时，大气中氧气的含量只有 1% 左右，远远不及现在大气中氧气的含量。动物要想维持生命，就得扩大表面积，以获取更多的氧气。

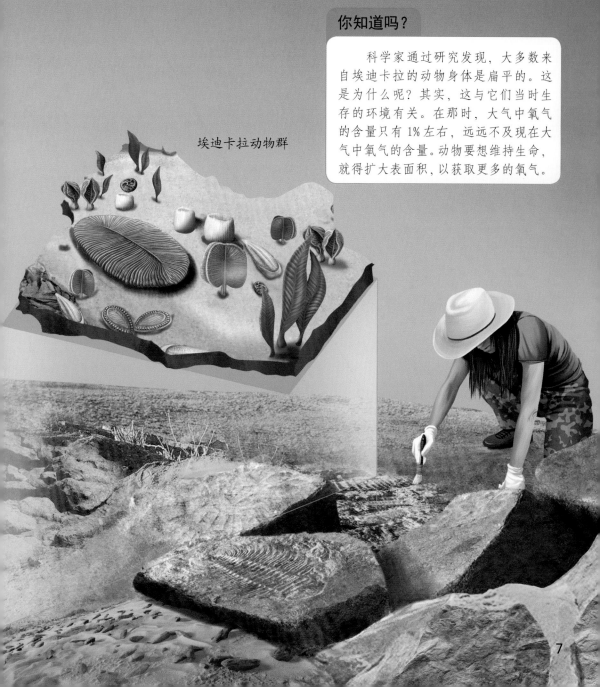

埃迪卡拉动物群

无脊椎动物大爆发

埃迪卡拉动物群只兴盛了较短的时间就灭绝了。在之后很长一段时间内，早期生物的发展似乎一直处在停滞不前的状态。直到 5.4 亿年前的寒武纪，生物界才迎来真正的春天，门类众多、具有坚硬外壳的无脊椎动物在短短数百万年间爆发式地涌现出来。

三叶虫是寒武纪时期出现的非常具有代表性的无脊椎动物。它们因背甲从纵向可以分为三个部分而得名。它们生命力非常强。在漫长的岁月长河中，三叶虫演化出了众多的种类。迄今为止，人们已经在寒武纪的岩层中发现了上万种三叶虫化石。

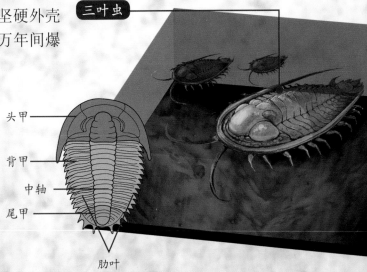

三叶虫

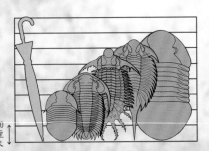

10厘米

头甲

背甲

中轴

尾甲

肋叶

脊椎动物抢占一席之地

进入奥陶纪以后，海洋生物的进化进入高潮阶段。就是在这一时期，原始脊椎动物——无颌鱼类开始出现。这对于后续脊椎动物的繁荣和发展具有非常重要的意义，尽管当时无脊椎动物仍是生物界的霸主。

无颌类

鳍甲鱼

无颌类没有上下颌骨，嘴巴无法灵活地张合，身体内没有骨化的脊椎，只能依靠不停地吮吸或水的自然流动来进食。

奇虾的体长可达1米。它们被认为是寒武纪时期海洋里的顶级掠食者。其头部长有巨爪，上面布满尖刺，虽然没有腿，但凭借柔软的多节身躯和体侧的片状物，却可以自如地游动。此外，奇虾的眼睛构造也十分复杂。它们视力非凡，能让很多猎物无所遁形。

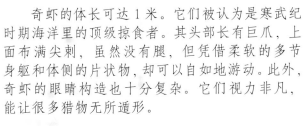

奇虾

有颌鱼类

在志留纪末期，经过漫长的演化与发展，有颌鱼类走上了历史舞台。其中最具代表性的是盾皮鱼和棘鱼。

盾皮鱼

9

动物登陆

　　距今大约 4 亿年前，随着大陆板块的不断漂移、整合，一些原本生活在海洋里的鱼类"跑"到了内陆腹地的河流与湖泊中。可是，多变的气候时常让它们面临缺水的艰难考验。为了不再受水的限制，一些鱼类逐渐由用鳃呼吸演化为用肺呼吸。而且，在漫长的进化过程中，它们的鱼鳍变成了可以支撑身体重量的四肢。于是，在泥盆纪晚期，最早的两栖动物出现了。

原始肺鱼登上陆地　　　　　　　　石炭纪时期的两栖动物——双螈

爬行动物异军突起

　　科学家们推测，或许早在两栖动物出现后不久，爬行动物就已经作为一种新生力量出现了。虽然这一说法尚未被证实，但可以肯定的是，在石炭纪晚期，很多具有代表性的爬行动物已经在陆地上生活。

早期爬行类林蜥　　　　　　　　　西洛仙蜥

摆脱限制

　　尽管爬行动物还不具备完善的体温调节系统，在极端天气来临时仍需要靠休眠来保存体力，但与两栖动物相比，它们具有了羊膜卵，可以在繁殖时摆脱对水的依赖，在陆地上繁衍生息。

恐龙的出现

　　正是在爬行动物空前繁荣的这个时代，恐龙开始出现并逐步发展起来。它们在此后的很长一段时间内主宰着整个动物界。

异齿龙

记录生命的"立体图鉴"

"地质时代是无法倒回去的流逝时光，而岩石地层是可以触摸的有形时代记忆。"尽管无法目睹史前生命的波澜壮阔，但凭借冰冷的岩层以及岩层中的骨骼碎片，人们依然可以感受到那些美好而又遥远的繁华场面。地层一直以其独有的方式记录和保存着生命的痕迹……

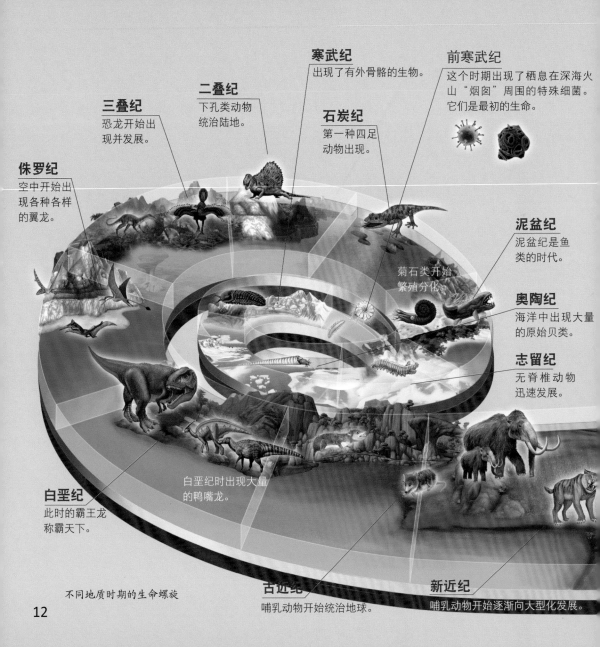

寒武纪
出现了有外骨骼的生物。

前寒武纪
这个时期出现了栖息在深海火山"烟囱"周围的特殊细菌。它们是最初的生命。

二叠纪
下孔类动物统治陆地。

三叠纪
恐龙开始出现并发展。

石炭纪
第一种四足动物出现。

侏罗纪
空中开始出现各种各样的翼龙。

泥盆纪
泥盆纪是鱼类的时代。

菊石类开始繁殖分化。

奥陶纪
海洋中出现大量的原始贝类。

志留纪
无脊椎动物迅速发展。

白垩纪时出现大量的鸭嘴龙。

白垩纪
此时的霸王龙称霸天下。

不同地质时期的生命螺旋

古近纪
哺乳动物开始统治地球。

新近纪
哺乳动物开始逐渐向大型化发展。

叠出来的"时光机"

与野外的岩层不同，地层是在某一地质时期形成的岩层，主要包括沉积岩、火山碎屑沉积岩以及从它们变质而来的浅变质岩。通常情况下，地层的年龄总是上新下老。

生命宝库

不同时代沉积形成的地层中蕴藏着不同的生命密码。经过努力，人们在不同地层里发现了大量的生命遗迹。那么，该怎样区分这些遗迹所属的时期呢？为了解决这个难题，科学家们将漫长的地质历史划分为一个个地质年代。较大的常用单位是"代"，而"代"又细分为年代更短的单位"纪"。

新生代	第四纪 距今 258万年前至今
	新近纪 距今 2300万~258万年前
	古近纪 距今 6600万~2300万年前
中生代	白垩纪 距今 1.45亿~6600万年前
	侏罗纪 距今 2亿~1.45亿年前
	三叠纪 距今 2.51亿~2亿年前
古生代	二叠纪 距今 2.99亿~2.51亿年前
	石炭纪 距今 3.59亿~2.99亿年前
	泥盆纪 距今 4.16亿~3.59亿年前
	志留纪 距今 4.44亿~4.16亿年前
	奥陶纪 距今 4.88亿~4.44亿年前
	寒武纪 距今 5.42亿~4.88亿年前

第四纪
哺乳动物进化得更高级，人类逐渐形成。

恐龙的起源

二叠纪时期,气候开始变得干燥,很多爬行动物适应了新环境,迅速繁盛起来。杯龙目、盘龙目、兽孔目爬行动物在这一时期相继出现。它们虽然没有后期巨型恐龙那般的身躯,但已足以称霸当时的大陆。

三叠纪霸主——主龙类

主龙类也叫"初龙类""祖龙类"等,主要为陆栖动物,一般后肢比较长,可以用半直立的姿势行走。在早三叠纪,它们的身影遍布大陆的各个角落。

黄昏鳄

兔鳄

主龙类的演化

主龙类后来演化出两个分支:镶嵌踝类和鸟颈类。镶嵌踝类主龙几乎是所有鳄类的祖先,而鸟颈类主龙则是恐龙和翼龙的祖先。鸟颈类主龙下的恐龙形态类慢慢演化,越来越接近恐龙。

波斯特鳄

恐龙的祖先

对于恐龙的祖先到底是谁，多年来一直存在着争议，直到人们在三叠纪早期的岩层中发现了兔鳄化石。化石显示：这只兔鳄前肢短小，后肢能够直立，尾巴翘起，有早期恐龙的影子。于是，有些科学家推断兔鳄就是恐龙的祖先。

恐龙的黄金时代

在三叠纪，恐龙虽然作为一个小小的分支逐渐发展起来，但此时却十分弱小。直到三叠纪晚期，它们借助"生物大灭绝"的契机才逐渐确立了霸主地位。

鸟鳄

丽齿兽

异齿龙

恐龙时代的来临

中生代是介于古生代和新生代之间的时代，地质学上将之分为三叠纪、侏罗纪、白垩纪3个纪。对于史前爬行动物而言，中生代是一个非同寻常的时期。正是在这一时期，爬行动物第一次在天空、海洋以及陆地空间占据了统治地位。对于恐龙而言，这更是一个具有里程碑意义的时代，因为它们在这1.6亿多年的时间里经历了从诞生到一跃达到鼎盛家族再到朝夕间走向灭绝的世事变迁。尤其是侏罗纪和白垩纪，成为恐龙称王称霸史上最闪耀夺目的时代。正是因此，中生代也被称为"恐龙时代"。

霸王龙　　　　　　　似鳄龙　　　　　三角龙

三叠纪——盛世黎明

初来乍到

三叠纪是中生代的第一个纪。这时期，地球上的气候变得干燥而温暖，高大的裸子植物开始到处生长，脊椎动物得到进一步的发展，恐龙开始从爬行动物中分化出来。

虽然到三叠纪晚期时恐龙已经是种类繁多的一个类群，并且在生态系统中占据重要的地位，但是作为新生动物类群中的一个小分支，这时的恐龙远无法与征服天空、海洋的其他爬行动物相提并论，只能于夹缝中求得生存。

喙嘴龙

蓓天翼龙

虚骨龙

美德蒙顿龙　似鸟龙　剑龙　　　副栉龙　　　重爪龙　甲龙　　　　肿头龙　　微角龙

始盗龙

始盗龙是三叠纪时期非常具有代表性的一种恐龙，也被认为是最原始的恐龙之一，又被人们称作"黎明的盗贼"。

之所以说始盗龙比较原始，是因为从化石来看它们缺乏后期恐龙的一些专有特征，比如：它们具有5根手指（其中3指清晰可见），而后来的肉食性恐龙手指变得越来越少（霸王龙只有两根手指）；其荐椎只有3块脊椎骨支撑着小巧的腰带，而后来的恐龙体形越来越大，支撑腰带的脊椎骨数目也在增加。

始盗龙身上还保留着"老祖宗"的一些其他特征。例如，它们拥有两种牙齿：一种位于嘴巴前端，像树叶一样平整；另一种在嘴巴后部，像餐刀一样锋利。所以，古生物学家推测，始盗龙既能吃植物，也能吃肉，是种牙口较好的杂食主义者。

黑瑞拉龙

　　黑瑞拉龙同样是出现在三叠纪时期的一种恐龙。古生物学家通过研究化石发现：它们耳朵里有听小骨，可能听觉比较敏锐；身姿直立，说明它们奔走迅速、机敏灵活；拥有长长的爪子和长有锋利牙齿的上下颌，表明它们应该是令很多动物闻风丧胆的超级猎手。由于身体结构比较原始，黑瑞拉龙差点被踢出恐龙家族。后来，人们认为它们的尖牙、利爪以及四肢结构基本上具备恐龙的特征，所以最后还是确定了它们的恐龙身份。

　　早期的恐龙还有腔骨龙、里奥哈龙等。在气候干燥的三叠纪，恐龙并不寂寞，与它们一起生活的还有会飞的翼龙、早期的龟类、原始的哺乳动物等。不过，这一时期的恐龙普遍体形偏小。它们一定不会想到：在千万年以后的侏罗纪，恐龙家族会壮大起来，并开始称霸世界。

侏罗纪——谁与争锋

崭露头角

在三叠纪晚期，自然界中因地球气候异常出现了一次浩劫——发生了生物大灭绝事件。这次事件让很多曾经风光无限的动物从此销声匿迹，而进化迅速的恐龙却幸运地活了下来。到侏罗纪时期，恐龙已经发展出好几个分支，之后逐步确立了自己的霸主地位。

大灭绝事件

三叠纪时期，原本连在一起的大陆"蠢蠢欲动"，开始分裂。剧烈的火山喷发随之而来，大量的二氧化碳被释放到空气中，产生温室效应，让地球的温度明显升高，导致大量的动植物纷纷死亡。

丰富的食物

侏罗纪是三叠纪之后的一个传奇时代。这时期的地球变得更加生机盎然，气候在大部分时间里温暖潮湿，为很多植物的生长创造了有利条件。当时不只有低矮的蕨类，还有高大的针叶树、银杏树等。丰富的食物、适宜的环境使恐龙迅速繁盛起来。

千姿百态的"龙"的世界

恐龙在侏罗纪时期达到了鼎盛，不但进化种类丰富，而且迅速成为地球的统治者。它们中既有行动迅速的小型食肉者，也有强壮凶残的大型食肉者，还有体形巨大的植食恐龙。在水中生活的鱼龙、蛇颈龙以及在空中飞行的翼龙等也在这时期大量发展和进化。各类"龙"济济一堂，构成了千姿百态的"龙"的世界。

异特龙

异特龙是侏罗纪时期肉食恐龙的典型代表。异特龙年轻时体力旺盛、行动敏捷，能与猎物面对面较量，并可在短时间内轻松取胜。随着年龄增长，它们的体力衰弱，行动会变得越来越缓慢。此时，异特龙会改变捕食策略，靠潜伏在树林中突袭猎物为生。

美颌龙

除了一些凶猛的大家伙，侏罗纪恐龙家族里还有一类和鸡差不多大小的微型恐龙，比如美颌龙。别看美颌龙体形很小，它们的行动可是非常敏捷的。事实上，它们是一种肉食恐龙，主要以猎食小动物为生。

白垩纪——末日狂欢

最后的繁荣

    白垩纪是中生代最后一个纪元。进入白垩纪后，恐龙已经在地球上生存了 8000 多万年。此时，它们继续统治着陆地，维护着自己的霸权地位。它们经历了最后的繁荣，并在种类上出现短暂性的爆发。这一时期的恐龙既有尾部带骨刺的剑龙、横行霸道的霸王龙，也有大量怪异的鸭嘴龙、笨重的三角龙和身披"铠甲"的甲龙等。

鸭嘴龙：喜欢群居的植食性恐龙，长有很像鸭嘴的宽大吻端。据研究，它们中的一些成员可以利用头上的冠饰发出声音。

三角龙：笨重的植食性恐龙。三只长短不一的角和结实的骨质颈盾不仅是它们的外形特征，也是防御猎杀者的强大武器。

甲龙：身上覆盖着厚厚的骨质"盔甲"，是无坚不摧的植食者。个别种类还长有坚硬的尾锤，用来对抗凶恶的敌人。

23

植物新面貌

与三叠纪、侏罗纪不同，白垩纪时期地球上植物群的面貌在某些方面已与新生代有些类似，阔叶类树木、开花植物等在那时已经出现。繁茂的植物同样是恐龙生存的先决条件。

霸王龙

霸王龙是白垩纪时期陆地上庞大的肉食动物。它们凭借着类似公共汽车大小的身体和强壮有力的头部四处横行霸道、捕杀掠食，几乎没有对手。

不过，别看霸王龙凶巴巴的，它们也有弱点——前肢十分短小。这双"小短手"不仅无法抓捕猎物，有时还会成为霸王龙的致命弱点。

恐龙与鸟类

走进恐龙世界

ZOUJIN KONGLONG SHIJIE

恐龙
大百科

张玉光 ◎ 主编

青岛出版集团 | 青岛出版社

不得不说的故事

百余年来，有些人一直相信庞大而又神秘的恐龙家族在白垩纪末期的大灭绝事件中彻底消失了。真的是这样吗？如此强大的恐龙家族难道就没有幸存者吗？恐龙与鸟两种看似毫无关联的动物群体之间究竟有什么纠葛和故事呢？

达尔文与进化论

19 世纪 50 年代末，英国博物学家达尔文在《物种起源》中提出了进化论。他坚信从一类物种到另一类物种的演变是一个缓慢、渐进的过程。也就是说，新物种的产生是旧物种演化的结果。但是，这一观点在当时遭到了很多科学家的反对。他们认为新老物种之间尚未发现处于中间过渡形态的化石，所以进化论并不能成立。

人们发现的第一件始祖鸟
羽毛化石标本

始祖鸟复原图

一根羽毛

1860 年，人们在德国索伦霍芬的一个采石场附近发现了一根羽毛。这根羽毛长约 68 毫米，羽翮（hé）宽约 11 毫米，羽干两侧是不对称的两个羽片，羽轴、羽枝都十分清楚。它静静地躺在约 1.5 亿年前的晚侏罗世地层中，让我们确信，早在侏罗纪时期，地球上就已经有长有羽毛的动物存在了。

最早的羽毛出现在何时?

没有人知道最早的羽毛究竟出现在什么时候。有些古生物学家声称,最早的羽毛应该来自长棘龙。这是一种生活在三叠纪时期的爬行动物,长有可能用于滑翔的羽状甲鳞。但是,大多数人觉得这种甲鳞与鸟类的羽毛进化并无直接关系。

长棘龙

始祖鸟化石

距离发现第一块羽毛化石一个多月后,索伦霍芬又出土了一具除头部缺失外相对比较完整的化石。这具化石清楚地显示,该物种有一对长有羽毛的翅膀。后来,这具化石标本被命名为"始祖鸟"。

第一具始祖鸟化石

在腰带和后肢特征上,始祖鸟与小型兽脚类恐龙——美颌龙有许多相似之处。所以,始祖鸟化石出土后,其标本一度被认为是美颌龙。直到人们发现了羽毛的模糊轮廓,其身份才得到确认。

美颌龙化石

美颌龙复原图

3

形态特征

　　研究人员通过研究始祖鸟化石发现：始祖鸟的长尾巴由 21 节尾椎组成；前肢的 3 块掌骨没有完全愈合成腕掌骨，指尖是爪；骨骼内部没有气窝。这些特征表明它们仍然保留着爬行动物的某些特征。但是，除了长有羽毛，其部分掌骨已经与腕骨愈合，说明它们已经具备了向鸟类进化的过渡特征。

不会飞行

　　古生物学家通过研究发现，始祖鸟的身体结构并不适合飞行，它们只能在低空滑翔。而且，它们的爪子虽然很有力，能抓住东西，却不能抓握树枝。所以，它们仍然主要生活在地面上。

始祖鸟复原图

长有牙齿

　　1877 年，一名工人在距离索伦霍芬约 3.5 小时路程的杜尔采石场发现了第二具始祖鸟化石。这具化石保存得十分完好，清晰地显示出始祖鸟的各个解剖结构。通过这具化石，古生物学家确认，始祖鸟的确长有牙齿。

第十件珍宝

　　因为出土始祖鸟化石，德国索伦霍芬一时间名声大噪。在 1860 年以后的近 150 年间，这个"生物宝库"先后出土了 10 具始祖鸟化石。第十具始祖鸟化石的头部骨骼、前翼以及尾部羽毛的印痕清晰可辨。这具化石所显示的骨骼形态和组合特点与恐爪龙十分相像。这为"鸟类起源于恐龙"的假说提供了强有力的支持。

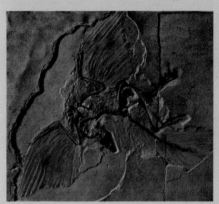

第二具始祖鸟化石

第十具始祖鸟化石

鸟类起源的谜题

　　鸟类的起源问题一直困扰着科学界。科学家们基于生物进化理论，从鸟类的骨骼特征等方面进行推测，认为鸟类是从爬行动物进化而来的。但是，至于它们究竟是从哪种爬行动物进化而来的，至今没有定论。

恐龙起源说

1868 年，英国博物学家托马斯·亨利·赫胥黎发表论文，提出恐龙与很多现生平胸鸟类有相似之处，始祖鸟就是介于二者之间的过渡物种。可是，因为缺乏强有力的证据，这一假说当时并没有被学界认可。直到100 多年后美国耶鲁大学教授约翰·奥斯特罗姆引证赫胥黎的观点，并公布了恐爪龙类和鸟类的骨骼相似性比较结果，鸟类的恐龙起源假说才正式"复活"，得到世人的关注。

托马斯·亨利·赫胥黎

约翰·奥斯特罗姆

槽齿类起源说

1913 年，南非著名的古生物学家布罗姆提出了鸟类的槽齿类起源假说。后来，荷兰古生物学家海尔曼在他的著作《鸟类的起源》中对这一假说进行了分析和支持。因为这部著作具有相当高的权威性，影响甚广，所以在之后的半个多世纪里海尔曼的这一理论被广泛引用和提及。

鳄形类起源说

1972年，英国古生物学家沃尔克提出鸟类与早期鳄形类有"血缘关系"的假说。但是，10年之后，沃尔克放弃了这个假说，转而加入恐龙起源说的行列。不过，美国堪萨斯州立大学的古生物与古鸟类学家马丁却十分认可沃尔克早期的观点。他经过研究认为，鱼鸟、黄昏鸟在牙齿形态特征以及替换方式方面与早期鳄类十分相似。

楔齿鳄

不论是楔齿鳄的乌喙骨还是肱骨，其形态特征都与鸟类的十分相似。

派克鳄复原图

楔齿鳄化石

派克鳄

派克鳄是槽齿类家族的成员，生活在三叠纪。有人认为它们是鳄鱼、恐龙和翼龙的祖先。

派克鳄化石

7

说不清的故事

为了探索鸟类起源的未知谜团，一代又一代的古生物学家投入研究鸟类起源的工作中。如今，大量化石和研究成果似乎在向我们传达一个信息——鸟类起源于恐龙。那么，到底哪种恐龙是鸟类的祖先呢？世代生活在地面上的恐龙又是怎样学会飞行的呢？这些关于鸟类的奥秘至今也没有确切的解释。

热河生物群

20世纪90年代以来，古生物学家在中国辽宁西部地区取得了许多重大发现。热河生物群中的大量化石证据显示，那里曾生活着众多身披羽毛、擅于奔跳和滑翔的恐龙。那么，这些身披羽毛的恐龙是否就是鸟类的祖先呢？确切的答案我们不得而知。但是，各种珍贵的化石却为鸟类的恐龙起源这一假说提供了强有力的支持。

孔子鸟

　　1994 年，中国古鸟类专家侯连海与古哺乳类专家李传夔在中国辽宁建平的一位化石收集者手中发现了孔子鸟化石。化石显示：这种动物具有发育的喙状嘴，上下颌上没有牙齿，是目前为止世界上最早出现的具有鸟喙的古鸟；其头骨为双孔型，且没有完全愈合。孔子鸟化石的发现在世界古生物界引起较大的反响。

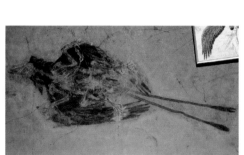

长有尾羽的雄性孔子鸟化石

孔子鸟复原图

梅勒营鹦鹉嘴龙

原始中华龙鸟

顾氏小盗龙

凌源潜龙

五尖张和兽

狼鳍鱼

黑山沟衍蜓

奇异环足虾

刘氏原白鲟

马氏燕鸟

原始中华龙鸟

1996 年，中华龙鸟化石在中国辽西地区出土。因为化石四周留有大量的羽毛印痕，所以研究人员一开始认为化石所显示的是一种原始鸟类。后来经过对比，研究人员才发现这其实是一种小型肉食恐龙。

"近鸟"一族

正当古生物学家为中华龙鸟争论不休的时候，又陆续有带有羽毛痕迹的恐龙化石在中国现身。透过那长有羽轴和羽枝的羽毛，科学家们意识到，身披羽毛已经不是鸟类特有的专利了，因为早在鸟类出现之前地球上就已经有羽毛存在了。

尾羽龙

尾羽龙全身布满短绒毛，前肢呈翼状，且长有大片华丽的羽毛。它们的尾巴上还有一束束扇形排列的尾羽。这些羽毛尽管不能帮助它们飞行，却被推测有保暖和吸引异性的作用。

中华龙鸟化石

中华龙鸟复原图

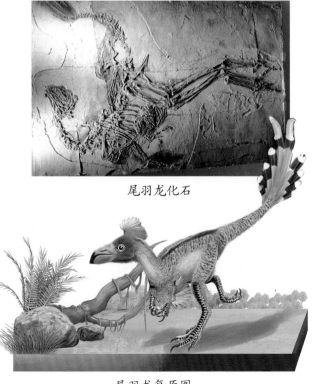

尾羽龙化石

尾羽龙复原图

原始祖鸟

原始祖鸟化石与尾羽龙化石出土于同一地点、同一层位。古生物学家通过缺少头部的化石残骸推测,原始祖鸟是一种火鸡般大小并长有羽毛的兽脚类恐龙。它们前肢较长,应该十分灵巧,可以抓捕昆虫;后肢粗壮,善于奔跑追击猎物;尾部已经发育出真正的羽毛,但不会飞行。

原始祖鸟骨骼图

原始祖鸟复原图

北票龙

北票龙化石也是在中国的辽西地区被发现的。化石显示北票龙的体表长有很多长约10厘米的细丝毛状物。古生物学家根据化石显示的骨骼形态特点,将北票龙归入兽脚类中的镰刀龙家族。

北票龙复原图

11

中国鸟龙

　　1998 年夏天，中国古生物研究人员在辽宁北票四合屯发现了千禧中国鸟龙化石。这件化石标本在形态结构上十分接近于始祖鸟，身上长有丝状皮肤衍生物。研究人员推测，这种生物虽然不能飞行，但骨骼结构正在向飞行的方向演化，已经能拍打前肢了。

热河鸟

　　热河生物群的发现带给研究者们一个又一个惊喜。2001 年 10 月，研究人员在中国辽宁征集到一块古鸟类化石板。这块化石板中的动物标本就是后来震惊中外的热河鸟。化石显示，这只热河鸟不但骨骼结构十分完整，而且羽毛痕迹非常清晰。最重要的是，这块化石里还有植物种子的痕迹。

中国鸟龙复原图

中国鸟龙化石

热河鸟化石

热河鸟复原图

飞向蓝天

人们从那些带有羽毛痕迹的化石中了解到，早在鸟类出现之前，恐龙家族中就已经出现了身穿羽衣的成员。那么，即便如此，它们以及后代又是怎样飞起来的呢？对此，古生物学家有两种推测。一种观点认为：恐龙最初生活在地面上，在漫长的演化过程中，一些恐龙逐渐具备了鸟类的某些特征。后来为了更好地捕食，这些地栖者前肢开始演化成翅膀，并借助奔跑和跳跃渐渐掌握了飞行技巧，从而飞上了蓝天。

鸟类飞行的奔跑起源假说模拟

还有很多古生物学家认为：最初，这些恐龙需要借助重力滑行才能飞起来，所以它们在会飞之前应该是生活在树上。

鸟类飞行的树栖起源假说模拟

会爬树的恐龙

有关研究表明，驰龙类成员有可能是掌握爬树技能的恐龙。其中，小盗龙被认为最有爬树天赋。小盗龙不仅体形娇小，身体轻盈，还有着锋利、发达的爪子。而且，它们的指爪应该具有抓握功能。

小盗龙复原图

赵氏小盗龙

2001 年，人们在中国辽西发现了赵氏小盗龙化石。化石标本显示，赵氏小盗龙与鸡一般大小，其耻骨连合，后部背椎也愈合成荐椎。这些发现对鸟类的恐龙起源假说是非常有利的支持。

顾氏小盗龙化石

顾氏小盗龙

2003 年，中国学者徐星在中国辽西获得一块顾氏小盗龙化石。尽管顾氏小盗龙与赵氏小盗龙有很多相似之处，但不同的是，顾氏小盗龙后肢的外侧长有长长的羽毛，并且排列得非常整齐。

顾氏小盗龙复原图

恐龙离鸟有多远

从始祖鸟化石现身的那天起，在很长一段时间内，古生物界认为始祖鸟便是鸟类的祖先。但是，这一发现已经被一项新的研究成果重新定义了。那么，鸟类的祖先如果不是始祖鸟，又会是什么神秘的史前动物呢？鸟类起源的面纱正在被渴望追根溯源的古生物工作者们一层一层地揭开……

光环被摘

一直以来，古生物界对始祖鸟的飞行能力、生态行为和习性等都有争议。但是，作为兼具鸟类与恐龙特征的过渡性生物，始祖鸟一直是人们研究鸟类起源的核心对象。直到近几年中国科学院的学者在国际领先的科学周刊——《自然》上发表论文，指出始祖鸟是原始恐爪龙类，应该是伶盗龙的祖先，始祖鸟的祖先地位才被撼动。

蒙古伶盗龙

蒙古伶盗龙有可能是始祖鸟的后代。可惜的是，它们并不会飞行。

蒙古伶盗龙复原图

郑氏晓廷龙

郑氏晓廷龙与原始鸟类非常相似，而它们那特化的第二趾、后肢上长长的飞羽等几乎和始祖鸟如出一辙。可是，郑氏晓廷龙却是一种小型兽脚类恐龙，与始祖鸟存在亲缘关系。由此，古生物学家得出一个惊人的结论——始祖鸟并不属于鸟类，而是一种恐龙。

郑氏晓廷龙复原图

郑氏晓廷龙化石

探索未知

150多年来，始祖鸟长期坐拥"鸟类始祖"的头把交椅。上述发现却让这一切变成了泡影。既然始祖鸟已退出"鸟类始祖"的舞台，那么谁才是鸟类真正的祖先呢？随着时间的推移，相信会有更多的新物种现身，所以鸟类祖先的确定要经过一定的过程。

目前鸟类祖先的代表

树栖龙：生活于侏罗纪晚期，只有麻雀般大小，可以像啄木鸟那样用夸张的前爪将藏在树洞里的小虫掏出来。

树栖龙复原图

耀龙：尾巴上长有4根呈长带状的尾羽，羽轴、羽片等构造已发育完全。它们身长约为40厘米，与现生鸽子差不多大。

耀龙复原图

鸿沟仍在

虽然鸟类与恐龙的差距在逐步缩小，但是它们之间仍存在着无法逾越的鸿沟。这些鸿沟将作为我们未来探索鸟类起源于恐龙假说的努力方向，直到这一系列谜底被全部揭开为止……

骨骼

肩带部分肩胛骨和乌喙骨的夹角小于或接近90°是所有鸟类的共有特征。很显然，多数恐龙无法满足这一"标准"。不过，在最新发现的中国鸟龙和驰龙的标本中，其肩胛骨与乌喙骨之间的夹角已非常接近90°。而且，驰龙类的耻骨与肠骨的夹角也与早期鸟类的非常相似。

结构微不同

第二掌骨和第二指是鸟类初级飞羽生长的基础。因此，它们的半月形腕骨主要与第二掌骨接触或已与第二掌骨愈合。恐龙的半月形腕骨则主要与第一、第二掌骨的关节接触。

让羽毛"说话"

虽然众多的化石证明了恐龙也可以长有羽毛，但恐龙的成片羽毛大都呈对称结构，而会飞行的鸟类的飞羽羽片两侧则是不对称的——这是它们飞行的关键。

鸟类的骨骼结构

恐龙羽毛与鸟类羽毛对比

17

鸟类演化多辐射

如今，鸟类起源于恐龙的假说被越来越多的人接受，但另一个问题又出现了。现代世界里生活着超过 9000 种鸟类，数量多达几千亿只。鸟类已成为当今地球类型最丰富、数量最多的动物之一。那么，它们的祖先究竟是如何繁衍成这样一个"大家族"的呢？追根究底，这主要是由辐射演化导致的。

新生代的鸟类祖先

鸟类虽然在中生代就出现了，但都是比较原始的类型，和现代鸟类差别比较大。实际上，目前发现的最早的、同现代鸟类形态非常相近的现生鸟类出现于新生代早期，也就是恐龙灭绝后不久的一段时间。当时，鸟类的形态结构和习性已经十分接近我们所熟知的现代鸟类。

辐射演化

辐射演化也叫"演化辐射"，是生物学中的一个专业名词。它指的是某种生物忽然获得某些关键特征，然后一发不可收拾地出现了许多新生特征，于是辐射式地发展出许多新的类型。

通俗来讲，生物在演化过程中是不会始终局限于某一区域范围的。但是，如果要拓展生存空间，一部分生物就要告别原本的居住地，去接触不同的环境。为了适应变化的环境，这些生物必然要作出改变。就这样，它们与原来的物种产生了差别。按这种情况发展下去，新的物种会不断出现，物种之间的差异也会越来越大。这个演化过程可能是激进、急速的，也可能是渐进的。

进入新生代以后，早期的现生鸟类千差万别，不仅外观大相径庭，体形大小不一，就连习性和食性也可能迥然不同。这就是辐射演化造成的结果。

普瑞斯比鸟

普瑞斯比鸟又叫"古鸭"，生活在距今约 6200 万年前的地球上，是出现在古新世（古近纪开始的一个地质时期）的一种鸟类。

化 石　普瑞斯比鸟骨架 >>>

古生物学家发现普瑞斯比鸟在外表上十分接近现代游禽类，如鸭子、鹅，认为它们与现代游禽类食性相似，都以水草、稻谷、虾、泥鳅等为食。

古鸭的外形

古鸭是普瑞斯比鸟的另一个名字。这是因为它们的外形与鸭子很相似——头部不大，喙状嘴略微宽扁，脚掌宽大，脚趾之间有蹼相连。只不过，它们脖子细长，能弯曲出优美的弧度，双腿又细又长，身体强壮，体形甚至比天鹅还大。普瑞斯比鸟应该是一种群居鸟类，平时聚居在一起，感到饥饿后就会蹚入水中觅食。

◀ 普瑞斯比鸟适应能力很强，在远古时代生存了很多年，算得上当时演化较为成功的物种之一。

大 小	体长约为 1.5 米
生活时期	古新世
栖息环境	湖滨
食 物	水草、稻谷、虾、泥鳅等
化石发现地	欧洲、北美洲、南美洲

骇 鸟

恐龙灭绝以后，食物链中顶级掠食者的位置空了出来。许多动物为此相互大打出手，争得你死我活。在这个过程中，一些古鸟类发生了剧变，体形变大，外观变得狰狞、凶恶。最后，它们脱颖而出，顶替了恐龙，成为大型肉食动物，填补了生态圈的空白。骇鸟就是其中之一。

化 石　骇鸟的头骨　>>>

跟早期鸟类比起来，骇鸟仿佛在体形上走到了极端。它们身强体壮，巨大尖锐的喙状嘴看上去力道十足，具有强大的攻击力。

凶猛残暴

骇鸟身高腿长，个体高度能达到3米左右，足以俯视当时的大多数动物。它们原本用于飞行的翅膀变成了一种肉钩似的结构，能像手臂一样伸出去拦截猎物。骇鸟双腿粗壮，擅长奔跑，抓到猎物后往往会用铁钩似的喙状嘴给予猎物致命一击，然后用爪子将猎物杀死，吸食其骨髓。由此可见，骇鸟能成为横行霸道的掠食者不是没有道理的。

▶ 骇鸟在地球上生活了千万年，直到大约200万年前才消失。古生物学家猜测，骇鸟之所以会灭绝，很可能是因为受到气候环境剧烈变化的影响。

大　　小	身高约为3米
生活时期	古新世至更新世
栖息环境	平原
食　　物	肉类
化石发现地	南美洲

桑氏伪齿鸟

　　1983年，古生物学家在美国查尔斯顿国际机场地下发现了一具体形巨大的鸟类化石标本。这是目前已知的世界最大的飞鸟。为了纪念主持发掘工作的博物馆馆长，这种鸟被命名为"桑氏伪齿鸟"。

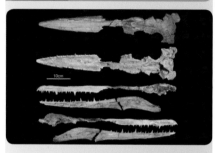

化　石	桑氏伪齿鸟的头骨 >>>

　　桑氏伪齿鸟的头骨非常具有迷惑性。一开始，人们将它们口腔中细密、尖锐的部分当成了牙齿。事实上，那些只是它们角质喙状嘴的一部分，并不是会生长、更替的牙齿，但具有和牙齿一样的作用。

飞行的细节

　　许多古生物学家推测，桑氏伪齿鸟在飞行方式上和信天翁很像，都是借助海上的风力展翅飞翔。一旦落到地上，它们灵活的身姿就会变得迟钝、笨拙起来。这个时候，桑氏伪齿鸟要想再飞起来，就得迎着海风快速奔跑，努力拍动翅膀才可以完成。

大　　小	翼展为6～7米，体重为20～40千克
生活时期	渐新世
栖息环境	海洋
食　　物	鱼类、其他动物
化石发现地	美国

　　▲ 桑氏伪齿鸟在捕猎时常常一边飞翔，一边用敏锐的目光搜索海面。一旦发现猎物，它们就会俯冲而下，用"牙齿"稳稳地叼住对方，然后飞到一个安静的地方享用美餐。

重新理解"龙"和鸟

最近 20 年来，人们对长有羽毛的恐龙和早期鸟类化石的研究取得了堪称里程碑式的进步。但是，层出不穷的学术理论和化石证据在稳固了恐龙起源假说主流地位的同时也产生了不少其他问题。

化石证据的"反向演化"

鸟类的恐龙起源假说认为鸟类是从小型兽脚类恐龙中的手盗龙类发展而来的。根据国际学术界对恐龙向鸟类演化的特征的界定，古生物学家发现，在手盗龙类中，演化顺序最接近鸟类的是伤齿龙类和驰龙类。但是，这两类恐龙身上却出现了许多"逆向演化"的特征，朝着兽脚类恐龙的形态发展。这不仅让许多古生物学家感到困惑，还大大增加了恢复恐龙系统演化历程的难度。

意义非凡的中国猎龙

2002 年，张氏中国猎龙化石出土。化石显示：中国猎龙体形娇小，身长不超过 1 米，是白垩纪早期的小型伤齿龙类。古生物学家将中国猎龙和特意选取的 40 多种恐龙放在一起进行分析，发现在传统分类上一些本应属于鸟类的特征在这些恐龙身上也有体现。

颅腔和髋骨的比例与鸟类相近。

嘴部结构近似鸟喙。

呼吸系统开始转变。

走路方式以及运动支点和大多数恐龙不同。

▲ 上图为中国猎龙早期复原图。因为没能发现羽毛存在的证据，古生物学家只是保守地为其画上了一层较短的绒毛。

脚趾上长有类似鸟类的弯曲趾爪。

混乱的特征分布

古生物学家通过研究还发现一些恐龙类群的特征分布比较杂乱，比如：伤齿龙的脑颅形态接近早期鸟类的；驰龙类与鸟类拥有相似的脑后骨结构；窃蛋龙类的某些特征与恐龙大相径庭，却和鸟类差不多……这些东一榔头西一棒槌的特征分布模式有时让古生物学家们在工作中无从下手。

"手指同源"

传统研究认为，在向鸟类演化的过程中，兽脚类恐龙的手指由原本的 5 指演化为 3 指，最外侧的两根手指退化消失。不过，现代发育生物学却显示，虽然鸟类保留了 3 指，但消失的应该是最外侧和最内侧的两根手指。二者在"手指同源"的问题上产生了分歧。

2001 年，"泥潭龙"化石标本在新疆出土。古生物学家惊奇地发现，泥潭龙长有 4 根手指，其中第一指严重退化。这表明恐龙手指的退化模式可能远比人们想象得复杂许多。

泥潭龙复原图

此外，科学家还提出了半月形腕骨的新假说。

通过这些发现与假说，我们不难看出，以往一直被古生物学家视为鸟类所独有的一些特征实际早在兽脚类恐龙演化的早期阶段就已经出现。很显然，恐龙与鸟类的界限已经变得模糊不清。该如何重新理解两者之间的关系也许将成为古生物学界又一个全新的课题。

恐龙的远亲近邻 上

走进恐龙世界

ZOUJIN KONGLONG SHIJIE

恐龙
大百科

张玉光 ◎ 主编

青岛出版集团 | 青岛出版社

昔日的海洋霸主

一部电影不是光靠一两个主角就能演绎的。同样，恐龙虽然是中生代戏份最重的主角，但在当时的天空与大海中还有很多其他的重要角色。它们虽然和恐龙生活在同一个时代，并且同样是爬行动物，但是需要注意的是，它们并不是恐龙，充其量只能算是恐龙的亲戚。

活跃在中生代海洋中的爬行动物

一般认为，最初的生命诞生自原始海洋，陆地上和天空中的物种都是后期发展起来的。在中生代，一些原本在陆地上生存的爬行动物放弃了以往的生活，选择重新回到"生命的摇篮"——海洋中。之后，它们逐渐繁衍出一系列强大的掠食动物，如鱼龙、蛇颈龙、沧龙等，并逐渐成为中生代海洋的统治者。不过，这些动物和"亲族"恐龙一样，最终纷纷消失在历史的长河中。

体形的变化

从陆地到海洋,搬家后的爬行动物生活环境发生了巨大变化。这意味着它们必须在身体上作出适应环境的改变才能继续生存下去。

在海洋里,爬行动物们的身体由海水产生的浮力托举着,因此它们很少感受到体重的压力。但是,海水的巨大阻力成为它们面临的新难题。如果不解决这个问题,它们将寸步难行。于是,这些爬行动物为了减小阻力,纷纷改头换面,身体变成了流线型。

泳速最快的海生爬行动物——鱼龙

离不开空气

虽然跟以前相比海生爬行动物的生活环境发生了翻天覆地的改变,但它们终究还是要呼吸空气的。这些爬行动物每隔一段时间就会浮出水面呼吸新鲜的空气,然后潜入水中捕猎。这和现代鲸的行为很像。

幻 龙

生活在海洋里的幻龙虽然和恐龙处于同一时代，但并不是"海洋里的恐龙"，而是一种海生爬行动物。因为总是被错认，所以它们又被人们叫作"伪龙"。

水陆两栖

幻龙的四肢虽然还保留着5根脚趾，但已经开始向鳍演化，变成蹼状。这说明它们十分擅长在海里游泳。不过，幻龙和现代的海豹一样，偶尔也会跑到陆地上活动。比如：在繁殖期的时候，接近生产的雌性幻龙就会成群结队地来到岸上晒太阳。

在外表上，幻龙和现代鳄鱼有点像，都是体形既扁又长，长着4条小短腿。不过，幻龙的脚趾之间有明显的蹼连接。这点还是和鳄鱼不一样的。

晒太阳的幻龙

大　　小	体长一般为4米，也有几十厘米的类型
生活时期	三叠纪
栖息环境	海洋和陆地
食　　物	以鱼类为主
化石发现地	中国、欧洲、北非

奇怪的排盐方式

幻龙在上岸前，经常会张大嘴巴重重地打一个喷嚏。这并不是幻龙感冒了，而是它们需要通过这种方式把身体里多余的盐分排出来。

▼在中国贵州，古生物学家发现了大量保存完好的珍贵的幻龙化石。最关键的是，人们在这里发现了一种体长只有几十厘米的幻龙新种类——胡氏贵州龙。

胡氏贵州龙标本

捕鱼达人

幻龙是捕鱼的好手。它们嘴巴里长满像针一样细密的牙齿。当它们把嘴巴合上时，嘴巴部位就会形成封闭的"牢笼"，只要猎物进去了，就别想逃出来。同时，它们脖子很长，脖颈间的肌肉非常发达，能够很轻松地做些高难度动作。古生物学家猜测，幻龙在游过鱼群的时候，经常会突然扭过头来袭击鱼类。

正在捕食的幻龙

蛇颈龙

19世纪20年代，英国著名的化石猎人玛丽·安宁发现了蛇颈龙的第一具化石标本：它看上去就像一条穿过巨大乌龟壳的凶恶大蛇。这种闻所未闻的生物从被发现的那一刻起，就因奇异的外表引起了世人的广泛关注。

化石　蛇颈龙的骨架 >>>

蛇颈龙的四肢已经彻底演化成两对很大的鳍状肢。它们大小相仿，是协助蛇颈龙在海洋中畅游的重要帮手。

重要的长脖子

蛇颈龙像长颈鹿一样，有长长的脖子。这是它们重要的生存法宝。蛇颈龙如果感到饥饿，就会扭动长脖子在海底搜寻美味的食物；遭遇危机时，要靠着灵活的长脖子调整方向才能逃跑。换言之，要是没有了长脖子，蛇颈龙生存下去的可能性会很低。

广泛的食谱

古生物学家在研究了蛇颈龙的化石后发现，这种史前生物的食谱远比我们想象的要丰富得多，包括鱼、鱿鱼、螃蟹、贝类……

大　　小	体长为3～5米
生活时期	三叠纪至白垩纪
栖息环境	海洋
食　　物	鱼类、软体动物等
化石发现地	英国、德国

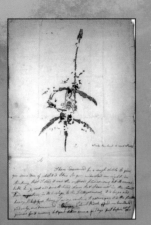

◀ 虽然玛丽·安宁女士是
最早发现蛇颈龙化石的人，
但蛇颈龙的正式命名却是在
多年后由英国的地质学家威
廉·丹尼尔·科尼比尔完成的。

玛丽·安宁关于发现
蛇颈龙的亲笔信

胃石的谜团

　　有很多动物在吃了不容易消化的食物纤维后，常常会主动去吃些石
子来促进消化。蛇颈龙也属于这类。不过，蛇颈龙吃石子还有另一个目的，
那就是用胃里的石子增加身体的重量，使自己能够自如地潜入海里捕食。

滑齿龙

蛇颈龙类主要分为两种类型：一种是长脖子、小脑袋的长颈蛇颈龙；另一种则是大头尖牙的短颈蛇颈龙，也叫"上龙类"。滑齿龙正是上龙类的成员。所以，别看滑齿龙和蛇颈龙外表差别这么大，它们却同属于蛇颈龙家族。

化 石　滑齿龙的头骨 >>>

滑齿龙那硕大的头骨长度超过1米。其中，占比例最大的是滑齿龙的大嘴，张开时简直可以算得上血盆大口。

大　　小	体长为 5～7 米，体重为 1～1.7 吨
生活时期	侏罗纪中期至晚期
栖息环境	海洋
食　　物	鱼类、软体动物等
化石发现地	英国、德国、法国、俄罗斯

凶悍的巨兽

滑齿龙体形较大，性情残暴，是侏罗纪时期海洋中的统治者，堪称大海里的"无情杀手"。它们颌部肌肉发达，拥有较大的咬合力，仿佛能轻松把一辆小汽车咬成两截。此外，它们嘴巴里还长满尖利的牙齿，猎物只要被咬住，就几乎没有逃脱的可能性。因此，就连一些体形比滑齿龙大的动物也不敢轻易去招惹它们。

灵敏的嗅觉

滑齿龙虽然没有发达的视力，却依然能在漆黑如夜的深海里捕食。这是为什么呢？原来，滑齿龙的鼻子结构很特殊，上面拥有敏锐的嗅觉器官。当它们在游动的时候，只要水流穿过鼻孔，它们就能借此察觉到隐藏在水里的猎物的气味。因此，就算眼睛看不见，滑齿龙也能在深海中找到猎物。

▼滑齿龙的牙齿巨大而又锋利，看上去就像一把把弯曲的匕首。它们是滑齿龙的强大武器。任何猎物被这样的牙齿咬上一口，恐怕非死即残。

滑齿龙的牙齿化石

菱 龙

　　菱龙属于蛇颈龙类的一个小分支，是上龙类（短颈蛇颈龙）的成员。1848 年，第一具菱龙骨骼化石在英国约克郡的一个采石场被矿工们发现。菱龙性情暴虐，是侏罗纪海洋中的顶级掠食者，经常攻击其他海洋动物，甚至连同族的成员也不轻易放过。

伪装者

　　菱龙号称侏罗纪的"伪装高手"。这是因为它们的身体表面存在着具有"反隐蔽"能力的天然保护色——后背为深灰色，肚皮为白色。正是在保护色的掩护下，菱龙才能做到近距离偷袭猎物而不被发现。

化 石　菱龙的鳍状肢 >>>

　　菱龙在海洋中游泳的时候，就像鸟类挥动翅膀一样，用力摆动着两对健壮结实的鳍状肢。这种滑翔游动的游泳方式和现代企鹅的游泳方式很相似。

大　　小	体长为 3.5 ～ 8 米
生活时期	侏罗纪早期
栖息环境	沿海
食　　物	乌贼、海洋爬行类动物
化石发现地	英国、德国

一击必杀

　　和现代的很多肉食动物一样，菱龙在捕猎的时候通常"不鸣则已，一鸣惊人"。它们用锥子一般尖利的牙齿咬住猎物后，就会猛烈地翻转自己的身躯，利用巨大的动能把无法逃脱的猎物撕扯成肉块，然后吞咽下去。

　　▼ 在 19 世纪，除了英国矿工发现的化石，最著名的化石要数英国的"化石猎人"——玛丽·安宁发现的菱龙骨骼化石了。目前，这具化石被收藏在英国伦敦的自然历史博物馆中。

玛丽·安宁发现的菱龙化石

敏锐的感官

　　菱龙虽然没有长脖子的先天优势，却拥有比其他蛇颈龙类成员更加优秀的感官。菱龙视力很好，在昏暗的海洋里照样看得清晰，减小了猎物逃脱的概率。它们嗅觉也很出色，能够通过海水流经嘴巴和鼻孔的简短过程获得猎物的气味，并顺藤摸瓜地追踪过去。

11

狭翼鱼龙

在侏罗纪的海洋里，曾经生活过一种类似现代海豚的爬行动物——狭翼鱼龙。它们是恐龙的亲戚，又叫"狭翼龙"。虽然它们的名字里有"翼龙"二字，但是它们跟翼龙家族可没有半点关系，而是属于海生爬行类。

远古"海豚"

狭翼鱼龙拥有尖细的长嘴巴、结实健壮的鳍状肢、光滑的流线型身体。这样的外表让它们看起来和现代海豚非常相似。不过，显然它们并不是海豚，而是生活在侏罗纪的爬行动物。在这一段时期，最早的海豚还没有出现呢。曾经有人根据狭翼鱼龙和海豚相近的外形认为二者之间可能存在着亲缘关系，但这种猜测并没有得到古生物学家的支持。

大　　小	体长可达 4 米
生活时期	侏罗纪
栖息环境	浅海
食　　物	鱼类、头足类及其他海洋动物
化石发现地	英国、法国、德国、阿根廷

狭翼鱼龙复原图

游泳健将

　　狭翼鱼龙是海洋里的游泳高手：尖长的嘴巴和流线型的身体让它们可以劈波斩浪，较大地减小海水的阻力，而肌肉发达的鳍状肢与强有力的尾巴则为它们提供了强劲的动力。古生物学家推断，狭翼鱼龙的泳速最快能达到 100 千米 / 小时。这简直能与小汽车的速度相媲美了！

化 石　狭翼鱼龙 >>>

　　狭翼鱼龙的名字来自它们身体上狭窄的鳍。不过，它们的鳍状肢看似窄小无力，事实上却非常发达，是保证它们泳速较快的动力之一。

▶古生物学家认为成年的雌性狭翼鱼龙是非常"不负责"的妈妈。在生下幼崽后（狭翼鱼龙并不是卵生，而是胎生），它们并不会抚养后代。

狭翼鱼龙及其幼崽化石

13

大眼鱼龙

在侏罗纪的海洋里，还生活着一种叫"大眼鱼龙"的海洋生物。它们头部两侧长有一双大得出奇的眼睛。这便是它们名字的由来。大眼鱼龙虽然长着细长的嘴巴，但牙齿却非常少，有的类型甚至根本就没有牙齿。

化 石　大眼鱼龙的头骨 >>>

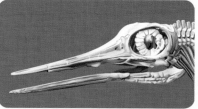

一双巨大的眼睛便是大眼鱼龙的标志性特征。据古生物学家测算，一条正常的成年大眼鱼龙的眼球直径可达 22 厘米，和一个篮球差不多大。

优秀的视力

在鱼龙家族中，大眼鱼龙是眼睛最大的，可以在光线昏暗的水下捕捉更多的亮光。因此，它们视力非常好，哪怕在夜晚的海洋中也能抓到猎物。大眼鱼龙这样出众的视力，即使在整个鱼龙家族中也是数一数二的。

保护膜

我们知道，海水越深，水压就越大。那么，经常在深海捕食的大眼鱼龙到底是怎样保证脆弱的眼睛不会被巨大的压力损害的呢？原来，大眼鱼龙的眼睛周围有一圈由骨质鳞片构成的巩膜环，能在强大的水压下保护柔软的眼球。

▼大眼鱼龙游泳的速度非常快。这和它们流线型的身体、能提供强劲动力的尾鳍和准确掌控方向的鳍状肢以及负责平衡的背鳍有着密切的关系。

大　　小	长 4～6 米，重约 900 千克
生活时期	侏罗纪中到晚期
栖息环境	海洋
食　　物	鱿鱼等软体动物
化石发现地	欧洲、北美洲、阿根廷

鱿鱼杀手

由于大眼鱼龙牙齿非常少或者干脆没有牙齿，因此它们在捕食的时候经常会挑选一些柔软的软体动物下手。其中，味道鲜美的鱿鱼是大眼鱼龙的最爱。

沧 龙

沧龙是白垩纪时期的海洋霸主。它们虽然在白垩纪晚期才出现，却迅速崛起，一路乘风破浪，将曾经兴盛的鱼龙类、蛇颈龙类以及鲨鱼类统统打败，"君临"原始的海洋生物圈。可惜的是，沧龙最终还是和恐龙一样，消失于白垩纪末期的浩劫中。

嗅觉与听觉

虽然沧龙眼睛小，视力差，但它们优秀的嗅觉弥补了这些缺陷。舌头是沧龙的嗅觉器官，可以帮助沧龙敏锐地感知到猎物的气味。据古生物学家推测,沧龙的舌头很可能和它们的祖先——古海岸蜥的舌头一样，是分叉的。另外，沧龙听觉也很发达，可以把微弱的声音放大几十倍，探测到很远的猎物。

化 石　　沧龙骨架 >>>

从化石可以看出，沧龙身体扁平，长度惊人，是白垩纪乃至中生代最大、最成功的海洋掠食者之一。

▼ 从出土的化石可以发现，沧龙头骨巨大，上下颌十分强壮，咬合力惊人，圆锥状的牙齿非常锋利。

沧龙残破的头骨化石

"偷袭战"

体形庞大的沧龙看上去威风霸道。实际上，它们在捕食的时候一向剑走偏锋，十分推崇"偷袭"战术。原来沧龙也是迫于无奈，谁让它们实在不适合持久的"追逐战"呢。捕猎时，沧龙会悄无声息地躲藏在海藻或礁石边上。只要有猎物靠近，它们就会猛地"跳"出来，一口咬住反应不及的猎物，然后大快朵颐。

大　　小	体形较大的体长可达21米
生活时期	白垩纪
栖息环境	海洋
食　　物	鱼类、软体动物等
化石发现地	亚洲、欧洲、北美洲

克柔龙

　　克柔龙是生活在白垩纪的一种远古巨兽。它们有着短粗有力的脖颈以及巨大狰狞的头部，很像现代的鳄鱼。虽然这副模样和蛇颈龙相差甚远，但事实上，克柔龙属于蛇颈龙的一个分支，又叫"巨头蛇颈龙"。

化　石　克柔龙的头骨 >>>

　　克柔龙的头部大得出奇，大约占据整个身体长度的1/3。从化石可以看出，克柔龙的嘴巴非常大，颌骨几乎和头骨等长。

血盆大口

　　古生物学家对克柔龙化石进行研究后发现：它们的头部巨大而又扁平，差不多能达到3米；大嘴巴几乎和头部等长，里面长满尖锐锋利的牙齿。克柔龙在捕猎的时候，会像鳄鱼一样张开巨大的双颌，用匕首一般锋利的牙齿咬住猎物。被克柔龙伤及的动物常常会因为伤势过重而无力反抗，只能乖乖地变成它们的食物。

克柔龙捕食

旺盛的食欲

克柔龙胃部的化石残留物表明：它们是一种和现代鲨鱼食性相近的动物，碰到什么都要尝尝味道，经常大吃特吃。克柔龙还会捕食其他海洋爬行类动物，比如蛇颈龙。在它们强壮有力的双颌面前，实力较弱的蛇颈龙不堪一击。

水面呼吸

虽然克柔龙生活在海洋里，但它们和其他蛇颈龙类成员一样，都需要浮到水面上呼吸新鲜空气。有时候，一天之中，克柔龙为进行换气，需要露出水面好几次。

大　　小	体长约为 10 米
生活时期	白垩纪
栖息环境	海洋
食　　物	鱼类、软体动物、其他海洋爬行类动物
化石发现地	澳大利亚、哥伦比亚

海王龙

海王龙性格凶残，是中生代海洋里可怕的掠食者之一。它们虽然不是恐龙，却和恐龙生活在同一时代，最后灭绝于 6600 多万年前的那场劫难中，与恐龙算得上"同生共死"。

化石　海王龙的骨架 >>>

海王龙以扁平修长的体形闻名于白垩纪，体长为 15~17 米。它们主要以咬、撞为攻击手段，是凶猛的掠食动物。

食物链的顶端分子

海王龙是一种残暴的肉食动物，巨大的体形使它们成为当时海洋中食物链顶部的成员。这种大块头最喜欢在海洋里横冲直撞，然后咧开大嘴，用尖利的牙齿到处捕食。海王龙的食谱非常宽泛，几乎包括所有体形比它们小的动物，甚至包括小沧龙。

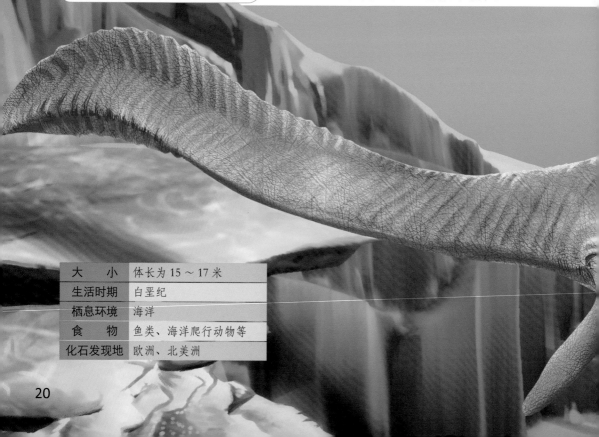

大　　小	体长为 15 ～ 17 米
生活时期	白垩纪
栖息环境	海洋
食　　物	鱼类、海洋爬行动物等
化石发现地	欧洲、北美洲

游泳达人

海王龙十分擅长游泳，是海洋里的游泳健将。它们那像船桨一样的鳍状肢可以控制方向，而长长的尾巴给了它们遨游海洋的动力。海王龙的尾巴有力地左右摆动，让海王龙泳速迅捷，鲜有对手。许多海洋动物就是因为游泳输给海王龙才成了它们的口中餐。

同类相杀

海王龙脾气很是暴躁，同类之间经常会因为领地的问题发生争执，随后一言不合便大打出手。这样做的结局不是两败俱伤，就是一方死亡。

薄片龙

在外表上，薄片龙和大多数蛇颈龙一样，长着长脖子、小脑袋。不过，和同族的兄弟姐妹比起来，薄片龙脖子的长度要更加夸张。在 1868 年薄片龙化石第一次被发现时，人们还因此闹了个乌龙。当时的古生物学家错把薄片龙的长脖子当成了尾巴。

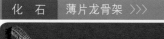

化 石 薄片龙骨架 >>>

薄片龙是"脖子最长的蛇颈龙"，长长的脖子甚至比余下的身体部分还要长。这样诡异的比例让它们看上去活像长着超长脖子的"侏儒"。

夸张的长脖子

薄片龙是蛇颈龙家族里独一无二的成员。古生物学家通常认为，薄片龙的体长可达 15 米，仅脖子的长度就几乎占据一半。古生物学家曾作过统计，发现绝大多数蛇颈龙颈椎数目不超过 60 节，薄片龙却是目前已知的颈椎数量超过 70 节的唯一一种蛇颈龙类成员。这样看来，薄片龙被视为"脖子最长的蛇颈龙类成员"真是一点儿也不夸张。

捕食猎物

通常情况下，薄片龙是利用长脖子的方便来袭击路过的猎物的。由于海洋里光线昏暗，很多海洋动物难以看清较远的距离。阴险的薄片龙便仗着脖子长埋伏起来，等待猎物的到来。一旦有倒霉的海洋动物进入自己的领地范围，薄片龙就会猛地弹起长脖子发动攻击，然后轻松把对方吃掉。

▲ 薄片龙经常会在海底四处搜寻没有棱角的小鹅卵石，然后吞咽下去。它们这样做不仅是为了帮助胃部研磨不好消化的食物，也是为了增加体重，以方便游泳和在水中下潜。

脖子长也吃亏

薄片龙超长的脖子虽然为它们提供了无数的便利，但也种下了致命的祸根。当它们面对沧龙等强大的掠食者时，细长的脖子总是让它们力不从心，甚至一不小心就会沦为对方的口中餐。

大　　小	体长可达 15 米
生活时期	白垩纪晚期
栖息环境	海洋
食　　物	鱼类、乌贼、贝类等
化石发现地	北美洲等

肖尼鱼龙

肖尼鱼龙是鱼龙家族中的大个子，平均体长可达 15 米。与绝大多数动物不同，肖尼鱼龙在幼年期长有牙齿而成年之后牙齿消失。因此，人们推断肖尼鱼龙在不同的成长时期食性不同。

大肚子鱼龙

肖尼鱼龙最显著的特征就是拥有又短又圆的大肚子，看上去就像充满气的皮球。肖尼鱼龙也因此被人们称为"肚子最大的鱼龙"。它们是深海中的乌贼猎手，有时也以蛇颈龙类为食。

灵活的"胖子"

肖尼鱼龙大腹便便的样子实在不像是行动灵敏的捕猎者。不过，肖尼鱼龙的四肢非常大，而且很强壮，能驱动巨大的身体快速向前游动。所以，肖尼鱼龙算是灵活的"胖子"。

大　　小	体长为 15 米左右
时　　期	三叠纪晚期
栖息环境	海洋
食　　物	鱼类、乌贼等
化石发现地	北美洲

恐龙的远亲近邻 下

走进恐龙世界

ZOUJIN KONGLONG SHIJIE

恐龙大百科

张玉光 ◎ 主编

U017

青岛出版集团 | 青岛出版社

鸟类之前的"飞行员"

在鸟类出现之前，中生代天空的主宰是一群长着翅膀的爬行动物。古生物学家把它们称为"翼龙"，其学名的意思是"长有翅膀的蜥蜴"。最早的翼龙出现在三叠纪末期。它们长有强壮有力的翅膀，反应迅速，大小不一。这种动物生存了大约1.5亿年；最后和恐龙一同退出了历史舞台，只留下珍贵的化石标本供后人观瞻。

丰富的种群

于三叠纪诞生，到白垩纪灭亡，翼龙经历了超过1亿年的时光。在这段漫长的岁月里，出现了100多个翼龙种类。如果进行简单分类的话，可以把它们大致分成两类：

翼龙的牙齿

翼龙尾巴的形态

1. 长尾翼龙（喙嘴龙类）

顾名思义，这是一些有着长尾巴的翼龙。它们是翼龙早期发展阶段的类型，出现在三叠纪晚期，兴盛于侏罗纪，于白垩纪早期消亡。长尾翼龙身上拥有许多原始特征，比如牙齿尖利、尾巴细长、尾巴末端有菱形叶片等。

翼手龙类头顶不同的骨冠

2. 短尾翼龙（翼手龙类）

　　这是一群出现在侏罗纪晚期的翼龙。它们在长尾翼龙灭亡后迅速崛起，取而代之成为天空中的主宰。短尾翼龙也可以叫"翼手龙类"。它们最大的特点就是那短到一点儿也不明显的尾巴。它们体形有大有小，口中无齿，有的种类还在头顶长着奇异的骨冠。

皮肤翅膀

　　翼龙和鸟类不同，它们赖以飞行的翅膀是纯粹的皮肤，叫作"翼膜"。翼膜由鲜活的皮肉构成，被粗糙而有弹性的纤维进行了强化，而复杂的血管网络则保证了血液的供应。翼膜远比羽毛结构简单，受到损伤后能够自动修复。但是，严重的创伤还是会在翼膜上留下伤疤，甚至会导致翼龙死亡。

它们不是恐龙

长久以来，受到影视剧等因素的影响，人们对恐龙的认识存在偏颇，有时把翼龙归入恐龙的类群中，认为翼龙是会飞的恐龙。其实，这是一种错误的看法。

各自独立的演化历程

翼龙是会飞的一类爬行动物，在分类上属于翼龙目；恐龙是可以四足或两足直立行走的一类爬行动物，在分类上属于恐龙总目。二者虽然都属于双孔类，并且可能起源于同一个祖先，但各自拥有独立的演化历程，在进化树上属于不同的分支。

不同的骨骼结构

从骨骼结构来看，翼龙的前肢结构和恐龙的完全不一样。翼龙的前肢高度退化，其第四指加长变粗成为飞行翼指，与前肢共同构成飞行翼的坚固前缘，支撑并连接着翼膜。恐龙根本没有这样的特点。另外，科学家还发现翼龙有一些特殊的骨骼，比如翅骨。这也和恐龙完全不同。

风神翼龙

20 世纪 70 年代，道格拉斯·劳森在美国和墨西哥边界的大湾国立公园偶然发现了一块 1 米左右的细长条形化石，之后又连续挖出大量破碎的化石。经确认，这些是一种末知翼龙的翼指骨化石。命名时，古生物学家灵光一现，想起了墨西哥原住土著崇奉的风神，于是将其命名为"风神翼龙"。自此，轰动世界的风神翼龙进入人们的视野。它们是地球上已知的最大的飞行动物之一。

| 化 石 | 风神翼龙的尖嘴 >>> |

风神翼龙尖长的嘴巴就像一把锋利的长矛。这是风神翼龙最强的武器。别看风神翼龙嘴巴里没有牙齿，但它们把尖嘴快速地向下戳去时，依然能够产生巨大的杀伤力。

大　　小	翼展超过 11 米
生活时期	白垩纪晚期
栖息环境	平原、林地
食　　物	小型恐龙、恐龙幼崽、腐肉等
化石发现地	美国

庞大的体形

　　风神翼龙在体形上比其他翼龙都要大。它们站立起来时和现代长颈鹿差不多高，双翼展开则足以横跨整个网球场。像它们这样巨大的飞行动物，即便翻遍地球的生物发展史也非常少见。

风神翼龙和长颈鹿对比

奇特的外表

　　从已经发现的化石来看，风神翼龙的外表很特别。除了拥有比普通翼龙大几倍的体形，它们头顶上还长有用途不明的脊冠。风神翼龙的眶前孔很大，几乎占据头骨全长的一半，嘴巴又尖又长，里面没有牙齿。它们的脖子足有两米长，而且很灵活，像蛇颈一样。

凶残的"大秃鹰"

　　风神翼龙一点儿也不挑食，除了吃活着的动物，也会吃动物尸体。在空中飞行的风神翼龙会时刻观察着地面，一旦发现动物尸体，就会俯冲而下，以绝对的优势赶走其他食腐动物，独霸"美食"。风神翼龙尖长的嘴巴是它们食腐的最佳工具。

御风而行

　　风神翼龙的骨骼非常轻盈，前肢肌肉很强壮，所以即使它们体形庞大，也丝毫不影响飞行。不仅如此，风神翼龙还经常在白天进行远距离飞行，活动区域很可能远远超过其化石发现地的分布范围。它们这样做是为了寻找能够果腹的猎物。

真双型齿翼龙

真双型齿翼龙生活于三叠纪晚期，化石发现于意大利贝尔加莫的一处页岩层中。它们虽然是比较古老的翼龙类成员，却并没有保留太多的原始特征。

化 石	真双型齿翼龙 >>>

作为一种古老的翼龙类，真双型齿翼龙并没有保留太多原始的特征。它们在外表上和后来的翼龙差不多，身体两侧的翼膜同样长在一对前肢的第四指上。

火眼金睛

真双型齿翼龙的视觉非常敏锐。每当拍打着翼膜在海面上低空飞行时，它们通常一眼就能准确分辨出海水中鱼类的位置以及昆虫在空中飞舞的轨迹，然后找准时机一口吃掉它们。

大　小	翼展约为1米
生活时期	三叠纪晚期
栖息环境	海岸
食　物	鱼类等
化石发现地	意大利、格陵兰岛

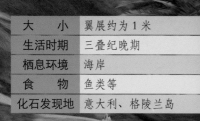

和晚期的翼龙相比，真双型齿翼龙尾巴要长很多。它们的尾巴坚硬挺直，末端还长有近似菱形的怪异物。这既是其身份的证明，也是它们的尾翼。古生物学家推测，真双型齿翼龙在飞行时很可能就是靠菱形的尾翼来控制方向、平衡身体的。

特别的牙齿

　　真双型齿翼龙的牙齿既是它们名字的来由，也是它们身上比较有特点的地方。古生物学家研究化石后发现，在真双型齿翼龙短小的嘴巴里，密密麻麻地分布着 100 多颗牙齿，一颗挨着一颗。这些密布的牙齿主要分成两种：一种靠前，向外突出；一种长在后面。前者可以帮助真双型齿翼龙叼住外表光滑的鱼类，后者则可用来咀嚼食物。

喙嘴龙

喙嘴龙是一种原始而著名的翼龙。和晚期翼龙不同，它们身上存在着许多原始特征，比如长有尖尖的牙齿、细长的尾巴等。它们虽然以鱼类为食，但并不像现代的很多水鸟一样采取静伺或潜水的方式捕食，而是在飞行的过程中掠食。

化 石　喙嘴龙的尾巴 >>>

和许多早期翼龙一样，喙嘴龙的尾巴很有时代特征，在末端长有菱形"锤子"。古生物学家认为它除了起装饰作用，还有掌控平衡的功能。

高明的"飞行员"

喙嘴龙的飞行技巧十分高超。它们在捕食的时候，经常会近距离贴在水面上飞行。一旦有鱼类出现，喙嘴龙就会突然放低身子，几乎是贴着水面飞去，然后探出长嘴巴，用牙齿叼住猎物后离开。

为什么会飞？

喙嘴龙不是鸟类。它们身体表面光秃秃的，没有羽毛，却能在天空中飞翔。这是为什么呢？事实上，对于喙嘴龙来说，羽毛并不是飞行的必需品。它们利用胸骨上的肌肉来控制翼膜，然后用长尾巴控制飞行的方向，就可以飞上天空。

解析身体

在喙嘴龙化石被发现之初，古生物学家就对喙嘴龙进行了复原。他们发现喙嘴龙的眼眶很大。这说明它们长有大大的眼睛，视力可能很好。而且，喙嘴龙拥有锋利的牙齿，应该属于无肉不欢的肉食者。另外，喙嘴龙还长着长长的尾巴。这可能是其控制方向、保持身体平衡的秘密武器。

喙嘴龙的尾巴末端并不是一开始就呈锤子状的。一般，幼年喙嘴龙的尾巴末端是柳叶刀的形状，后来才会慢慢变成锤子状。

大　　小	体长为 1 ～ 2 米
生活时期	侏罗纪中期至晚期
栖息环境	海岸
食　　物	鱼类、昆虫
化石发现地	德国

翼手龙

翼手龙是较为人们熟知的翼龙类成员，属于翼龙家族里的晚辈。和那些"老前辈"比起来，翼手龙演化得比较高级，尾巴基本消失，脖子又长又灵活，具有很强的飞行能力。

化 石　翼手龙　>>>

大　　小	翼展达 0.3 ～ 0.7 米
生活时期	侏罗纪晚期至白垩纪
栖息环境	海岸
食　　物	鱼类、昆虫
化石发现地	欧洲、亚洲

　　在侏罗纪晚期，原始的长尾翼龙已数量大减，濒临灭绝，像翼手龙这样的短尾翼龙在当时的天空中则十分常见。

步履蹒跚

翼手龙是一种会飞行的爬行动物。这意味着它们既能在天空中翱翔，也可以在陆地上行走。不过，随着翼手龙的飞行能力越来越强，它们的步行能力却一退再退。它们走起路来往往显得非常笨拙、不协调。因此，翼手龙一生中很少在地面上行走。

到底会不会飞？

目前，在古生物界，人们对于翼手龙究竟会不会飞行颇有争议。一方认为，大型翼手龙身体笨重，飞行负担太大，它们很可能只是爬到高处，然后张开翅膀，顺着风力滑行而已；另一方则认为，翼手龙翼膜宽广，只要用力扇动翼膜，就能被巨大的升力托举起来，让自己顺利飞行。至今，这个争议也没有定论。

▲ 迄今为止，古生物学家已经发现了十几种翼手龙的化石。它们的头骨化石显示：这些动物有比较聪明的头脑，能够在空中做出一系列精准的高难度动作。

细心的父母

在繁殖期间，雌性翼手龙会像现代大多数鸟类一样，在树木、山崖、岩石等地搭建舒适的家，然后把卵产在里面。当翼手龙宝宝出生后，"家长们"会用心照料它们，直到这些小家伙学会飞行并能够独立生活为止。

南翼龙

南翼龙是白垩纪时期翼龙类中比较有代表性的一类。它们的化石最早于 20 世纪 60 年代末发现于南美洲。除了长有长长的脑袋，南翼龙最显著的特点就是下颌上长着像梳子似的密密麻麻的牙齿。

化 石 南翼龙头骨 >>>

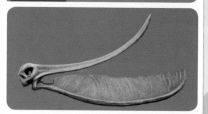

南翼龙嘴巴里的牙齿足有上千颗，密密麻麻地挤在一起，让人看了不禁有些头皮发麻。在功能上，它们和现代须鲸的角质须有些相似，能过滤水中的食物。

神奇的"牙刷"

南翼龙的嘴巴很特别，上颌明显向上弯曲，下颌两边则长满像铁丝一样尖细的牙齿。这些长长的牙齿像牙刷的硬毛般根根直立。所以，南翼龙永远没办法在闭上嘴巴的同时把牙齿也藏进嘴里。

大　　　小	翼展约为 3 米，体重约为 5 千克
生活时期	白垩纪早期
栖息环境	海岸、湖泊边
食　　　物	浮游生物
化石发现地	南美洲

科学的姿势

吃鱼的翼龙大多数是技艺高超的"飞行员"。它们总是在飞行时把嘴巴探入水中捕食。但是，南翼龙很可能没办法这样做。这跟南翼龙的飞行技巧没有关系，纯粹是因为模仿其他翼龙的进食方式很容易让南翼龙下颌脱臼。因此，南翼龙吃饭的"正确姿势"应该是站在水里，将长喙伸入水中左右摆动。

重要的"筛子"

在密集的牙齿的帮助下，南翼龙的嘴巴变成了"筛子"：它们觅食时，会把长喙探入水里，然后抬起头来，让水流从细密的齿缝中流出，筛选出微小的浮游生物，最后合上嘴巴，把食物吞到肚子里。

▼古生物学家推测，南翼龙在地上行走时一般是四肢着地。它们会把暂时用不着的翼膜折叠起来，慢慢行走。这样比较稳定，否则脖子前的大脑袋很难让它们的身体保持平衡。

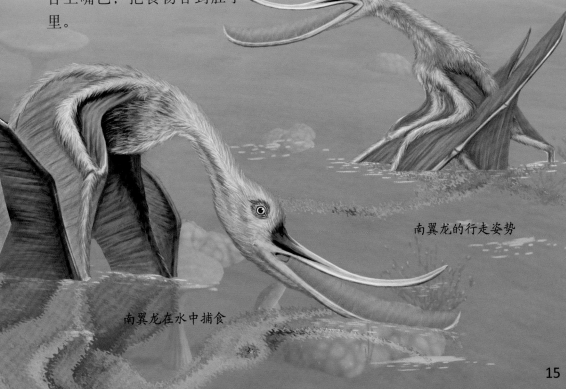

南翼龙的行走姿势

南翼龙在水中捕食

宁城热河翼龙

　　宁城热河翼龙属于小型蛙嘴龙科翼龙类，其化石于 20 世纪末被发现于中国内蒙古宁城县道虎沟野外地层中，是迄今为止发现的最完整的蛙嘴龙科化石。宁城热河翼龙化石保存了精美的翼膜以及遍布全身的可疑"毛发"，具有非常重大的研究价值与生物学意义。

大　　小	体长约为 1 米
生活时期	晚侏罗世或白垩纪早期
栖息环境	平原、林地
食　　物	昆虫或鱼类
化石发现地	中国

高明的技巧

　　宁城热河翼龙虽然个头不大，但拥有相对较大的翼膜，十分擅长飞行。它们的双翼展开后长度接近 1 米，同时轻巧的身体减轻了其飞行的负担。在捕食猎物的时候，宁城热河翼龙可以在空中快速地转动身体，猛然提速，然后一口把猎物吞到肚子里。

化　石　宁城热河翼龙标本 >>>

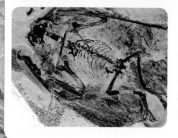

　　和发现的其他蛙嘴龙科化石比起来，宁城热河翼龙的化石近乎完整。通过化石，我们可以清楚地看到宁城热河翼龙的一些外表特征，如长有略短的脖子、较短的掌骨以及长长的脚趾等。

▲ 相比于其他爬行动物而言，宁城热河翼龙无论从外表上还是从食性上，都更加接近现代哺乳动物的翼手目成员——蝙蝠。

"毛"是什么？

古生物学家在宁城热河翼龙的化石上发现了古怪的"毛发"。最初，研究人员以为这些"毛发"是翼龙的原始羽毛。但是，随着研究的深入，他们渐渐发现，这些"毛发"实际上是一种粗丝，和羽毛完全是两种东西，与哺乳动物的毛发也截然不同。

"毛"的作用

宁城热河翼龙身上的"毛发"既然并不是羽毛，那到底有什么用呢？古生物学家初步认为，这些"毛发"应该与调控体温、辅助飞行以及在捕猎时消音等功能有着紧密的关系。

17

掠海翼龙

通常而言，翼龙的骨骼轻巧脆弱，经过亿万年的时间洗礼后，很难形成化石保存下来。但是，出土自巴西的掠海翼龙化石却是例外。当它重见天日的时候，古生物学家对它近乎完整的外形感到十分惊诧和欣喜。

化 石　掠海翼龙头骨 >>>

掠海翼龙最大的特点就是头顶上戴有"高帽子"。这是属于它们的独特冠饰。巨大的骨质冠大约占据头部体积的3/4。这在古往今来的动物中比较少见。

"剪刀嘴"

掠海翼龙的嘴巴又长又尖，就像锋利的剪刀。这是它们用来捕食的最佳工具。当展开宽大的双翼掠过水面时，它们会把剪刀一样的尖喙探入水中，叼取藏在水下的鱼类为食。这和现代剪嘴鸥的捕鱼方式很相像。

"高帽子"

掠海翼龙头顶的巨大骨质冠就像戴在它们头顶的"高帽子"，让它们看上去很有几分"怪物"的风采。有人认为掠海翼龙飞行时全靠这种骨质冠来控制平衡，也有人觉得这种骨质冠应该是负责调节体温的器官，还有人认为骨质冠能帮助掠海翼龙吸引异性。至于骨质冠到底能起到什么作用，古生物学界一直没能达成统一意见。

大　　小	翼展为 4～5 米
生活时期	白垩纪早期
栖息环境	沿海
食　　物	鱼类
化石发现地	巴西

掠海翼龙捕鱼示意图

通过掠海翼龙的头骨化石可以发现，它们流线型的上下颌结构、剪刀似的嘴巴以及捕鱼方式与剪嘴鸥非常相似。

掠海翼龙、剪嘴鸥捕鱼示意图

19

无齿翼龙

无齿翼龙的名字直截了当地点出了它们最大的特点——没有牙齿。它们是晚期翼龙中体形较大的成员，展开双翼后和小型客机差不多大小。它们头顶上那大大的奇怪骨冠很可能在飞行时起到控制平衡的作用。

▶ 无齿翼龙几乎一整年都聚集在海边进行繁衍生息。这是因为它们钟爱海鱼。迄今为止，古生物学家已经在沿海地区发现了超过1000具无齿翼龙的化石。这表明它们当时在临海一带很常见。

化 石 无齿翼龙的头骨 >>>

无齿翼龙的嘴巴细长尖锐，很像现代鹤类的喙。虽然它们的上下颌骨中没有牙齿生长的痕迹，但这并不影响它们进食。

栖息之策

无齿翼龙不可能一天到晚总是在天上飞来飞去，总得有休息的时候。休息时，无齿翼龙很可能直接落到地面上，把双翼收拢起来，到处行走、爬动，也有可能像蝙蝠那样把自己倒挂在树枝、岩壁上。

骨冠能做什么？

无齿翼龙头顶上的骨质冠向后延伸，几乎和尖长的嘴巴处于同一条直线。有人猜测它们是无齿翼龙用来装饰和求偶的工具。不过，大多数古生物学家认为它们相当于飞机的尾翼，可以帮助无齿翼龙在飞行过程中更好地掌控平衡。

没牙怎么吃？

虽然无齿翼龙没长牙齿，但这并不影响它们的日常生活。原来无齿翼龙的咽喉部位长有奇怪的皮囊。古生物学家猜测，无齿翼龙很可能和鹈鹕一样，直接把长嘴伸入水中吞食鱼类或者其他食物。

大　　小	翼展达 7～9 米，体重约为 15 千克
生活时期	白垩纪晚期
栖息环境	沿海
食　　物	鱼类
化石发现地	美国、英国

阿凡达伊卡兰翼龙

俗话说："艺术高于现实。"科幻电影《阿凡达》里的外星生物"伊卡兰"虽然是虚构的，但显然在很大程度上参考了已经灭绝的飞行爬行动物——翼龙，可以说是以几种远古翼龙为原型塑造的。在 2014 年，中国古生物研究人员向世界宣布：他们在我国辽西地区距今约 1.2 亿年前的热河生物群中发现了一种史前翼龙的化石标本，其外形和"伊卡兰"非常相似。所以，研究团队将其命名为"阿凡达伊卡兰翼龙"。

| 化 石 | 阿凡达伊卡兰翼龙的头骨 >>> |

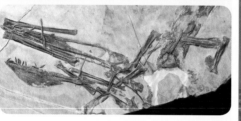

古生物学家发现的阿凡达伊卡兰翼龙化石显示：这种翼龙头骨顶部平直，下颌长着半圆形的骨突，牙齿尖利。这样奇特的外形让它们和电影《阿凡达》里的魔兽"伊卡兰"十分相像。

独树一帜的外形

　　伊卡兰翼龙下颌部的骨突是它们身体最大的特异之处。迄今为止，古生物学家从未在其他翼龙类成员身上发现这样的"头饰"，即使在现生动物身上也没有相似的例子。可以说，伊卡兰翼龙的形态造型"只此一家，别无分号"。

电影与现实的对比

　　根据数据计算，电影里庞大的飞行魔兽"伊卡兰"的双翼展开后长度足有 12 米，和地球上最大翼龙的双翼差不多长。现实中的阿凡达伊卡兰翼龙则有些"小家子气"，翼展长度只有 1.5 米左右。

锋利的下巴

　　因为伊卡兰翼龙长在下巴上的骨突没有实例验证，所以人们对其作用一无所知。不过，古生物学家经过研究发现，伊卡兰翼龙半圆形的骨突边缘非常平滑，简直和刀片差不多，表面没有能够调温的血管印痕。因此，他们推测：伊卡兰翼龙在飞行和捕食时，会用锋利的骨突切割流体，以减小阻力。

捕猎进行时

　　和大多数翼龙类成员一样，伊卡兰翼龙也是低飞掠食的动物。如果肚子饿了，它们就会扇动双翼，紧贴着水面飞行，将下巴上的骨突伸到水里感应猎物的位置，然后迅速捕获水面下的鱼类吃个痛快。

大　　小	翼展约为 1.5 米
生活时期	白垩纪
栖息环境	湖岸
食　　物	鱼类
化石发现地	中国辽西地区

24

恐龙灭绝

走进恐龙世界

ZOUJIN KONGLONG SHIJIE

恐龙
大百科

张玉光 ◎ 主编

青岛出版集团 | 青岛出版社

恐龙时代的终结

在我们的地球上，曾经有很多生物种类出现后又消失了。这是生物演化史中必然会出现的现象。

在白垩纪末期，发生了史上著名的大灭绝事件，即第五次生物大灭绝。这次灭绝事件给地球上的生物带来了不可磨灭的损伤，同时也为人类和哺乳动物的登场提供了契机。但是，在这次大事件中，统治地球长达 1.6 亿年的恐龙家族却突然绝迹了。

恐龙的灭绝宣告了恐龙时代的结束。如今，我们只能通过陈列在博物馆中的化石想象它们曾经的辉煌。

恐龙灭绝的猜想

恐龙为什么会消失？到底是谁杀死了恐龙？……这些问题是困扰科学界多年的"疑难杂症"。

虽然时间过去了这么多年，但古生物学家们仍然没有确定"病因"。不过，他们却提出了不少猜想。

火山惹的祸

在6600多万年前，全球绝大多数地区发生了剧烈的地壳运动，地震与火山爆发频频发生。大气中充斥着大量二氧化碳，使得海水酸化。生态环境的恶化程度超出恐龙的承受范围，最终导致恐龙灭绝。

3

超新星爆发的无辜受害者

　　超新星爆发是指一颗大质量恒星在衰亡时发生的剧烈爆炸现象。白垩纪末期，太阳系附近发生了超新星爆发，释放出巨大的能量和大量的宇宙射线。这种射线穿透力很强，能够穿透大气层，直射地球上的生命。恐龙不幸"中招"，几乎完全丧失了自我防御能力，最后只能黯然地退出历史舞台。

盛极而衰，自然选择

　　我们总说恐龙是突然灭绝的，但是这个"突然"如果用现代的时间来衡量，起码有几十万年的时间。人们通过研究恐龙化石的数量发现，恐龙在发展到鼎盛时期后很快就走了下坡路，等到白垩纪晚期才彻底消失。这其实是一个自然规律，任何生命都要经历"诞生—发展—兴盛—衰亡—灭绝"的过程，恐龙也不例外。所以说，恐龙灭绝是一种正常的现象。

环境气候变变变！

在白垩纪末期，地球上的环境发生了巨大的变化。原本平缓的地形在强烈的地质作用下隆起，形成新的高原、山脉等。此外，温暖湿润的气候变得寒冷干燥，令不具备耐寒本领的恐龙面临着巨大的威胁。受气候改变影响最大的则是蕨类与裸子植物。它们数量锐减，导致植食恐龙因缺乏食物而大量死亡，连带着肉食恐龙也遭了殃。

逐渐步入死亡的恐龙

都是被子植物的错！

白垩纪晚期，蕨类与裸子植物因为气候变化而数量剧减，作为新兴势力的被子植物则趁势崛起，占据了不少地盘。为了生存，许多植食恐龙不得不以被子植物为食，但被子植物中生物碱等毒素的含量要比裸子植物中的含量多几十倍。体形巨大的植食恐龙食量大，摄入过多的被子植物，导致体内毒素积累过多，最终被毒死。在食物链的作用下，肉食恐龙也间接中毒。

恐龙公墓

恐龙曾经遍布中生代陆地的诸多角落。虽然在白垩纪末期它们就已经灭绝了，但它们的尸骨在漫长岁月的催化下变成了珍贵的化石。恐龙化石的分布非常广泛，在国内外还出现了一些著名的化石"盛产地"。

一、中国的"王者之墓"

中国是世界上恐龙化石出土种类和数量最多的国家之一，除了福建、海南和台湾等，大部分省区基本有恐龙化石的发现。不过，恐龙化石比较具有特色的地点主要为四川、云南、河南等地。

1. 四川：举足轻重的恐龙之都

四川自古就有"天府之国"的美誉，是巴蜀文化的发源地。如果向前追溯亿万年，这里可算得上侏罗纪恐龙的"极乐净土"。

根据古生物学家多年来的科研成果，我们可以发现，在四川省将近 50 万平方千米的土地上，含恐龙化石的地层出露面积就有 10 多万平方千米，其中包含的时间段横跨整个侏罗纪。可以说，你能够在这里看到侏罗纪各个时期不同种类的恐龙化石。

自贡恐龙博物馆中的恐龙埋藏现场

1936 年，中国著名的古生物学家杨钟健先生等人在四川荣县考察时，于西瓜山上发现了第一具峨眉龙骨架化石。

复原后的峨眉龙

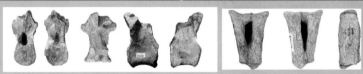

1944年，中国地质学家岳希新先生在四川威远发现了鲜为人知的鸟脚类恐龙——岳氏三巴龙的化石。

1957年，在今天的重庆合川，古生物学家找到了大型蜥脚类恐龙——合川马门溪龙近乎完整的化石骨架。

合川马门溪龙化石骨架

除了恐龙的骨骼化石，古生物学家还在四川发现了许多珍稀的恐龙足迹化石，比如三叠纪晚期的磁峰彭县足迹化石、侏罗纪晚期的岳池嘉陵足迹化石等。截至目前，在全国发现的恐龙足迹化石中，四川的足迹化石占据的比例达一半以上。

2.云南：追根溯源的"恐龙之乡"

如果要谈论中国人研究本国出土恐龙化石的早期历史，那么必定绕不开云南这处"恐龙之乡"。

20世纪30年代末，中华大地硝烟弥漫。云南因为地处西南大后方，相对比较安定。中国老一代古生物学家卞美年先生、杨钟健先生在云南禄丰盆地工作期间，偶然发现了大量的恐龙骨骼化石。据资料记载，当时出土的禄丰恐龙化石标本数量多达几百具，主要分为许氏禄丰龙和巨型禄丰龙两个种类。

修复后的禄丰龙大腿骨化石

1941年，在许氏禄丰龙的骨骼化石发现几年后，杨钟健先生对其进行了研究、装架。这是中国最早装架的恐龙化石骨架，有着"中国第一龙"的美誉。

1958年我国发行了"禄丰龙"邮票。

1984年，云南禄丰县出土了一具完整的禄丰龙化石骨架。骨架长约6米，高2米多，是过去几十年来发现的最完整的禄丰龙化石骨架。

1987年，古生物学家在晋宁找到了较为完整的双嵴龙化石和大量形态丰富的恐龙脚印化石。

| 1941 | 1958 | 1984 | 1987 |

许氏禄丰龙化石骨架

"禄丰龙"邮票

新洼金山龙化石骨架

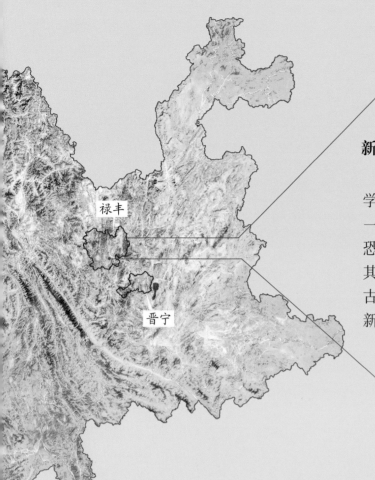

禄丰野外风景

新的发现

　　新中国成立以后，古生物学家对于恐龙化石的研究进入一个崭新的阶段，越来越多的恐龙化石被人们发掘出来。尤其在进入20世纪80年代后，古生物学家在云南有了更多的新发现。

楚雄世界恐龙谷入口

　　1988年，古生物学家在金山镇发现了比禄丰龙化石时代更早、意义更加特殊的金山龙化石。

　　1995年，在禄丰县的川街恐龙山，一个迄今为止世界最大的侏罗纪早期的恐龙"坟场"被发现。当地政府在这里建立了享誉全球的"世界恐龙谷"。

　　1997年，古生物学家在川街地区找到了侏罗纪晚期的马门溪龙动物群化石。

　　2000年，禄丰县出土了侏罗纪早期体形巨大的蜥脚类恐龙——川街龙的化石。

1988   1995   1997   2000

恐龙谷内风景一览   巨大的川街龙化石骨架

3. 河南：寻根访祖的"恐龙之家"

如果把四川称为"恐龙之都"、把云南誉为"恐龙之乡"的话，那么把河南叫作"恐龙之家"一点儿也不为过。

1993 年，古生物学家在河南南阳这片土地上发现了大量恐龙蛋化石。它们大多以成窝的形式出现，其质量和数量都是前所未有的。这些恐龙蛋化石的发现在世界古生物学圈子里掀起了波澜。而且，随着发掘的深入，越来越多的"稀世珍品"重见天日。

1993 年，人们在河南西峡县的一个山坡上发现了闻名世界的恐龙胚胎化石"路易贝贝"(Baby Louie)。这个名字来自为这窝恐龙蛋化石进行拍照的摄影师——路易·皮斯霍斯。

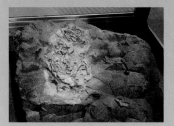

路易贝贝

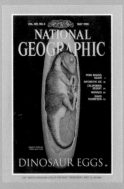

登载在《美国国家地理》杂志封面上的"路易贝贝"复原图

现场勘查恐龙蛋化石

恐龙蛋化石遗址洞

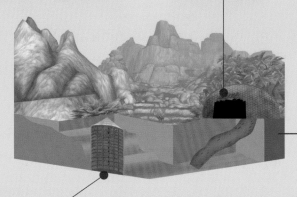

不同的恐龙蛋化石层

20 世纪 90 年代，在河南内乡曾出土过一窝直径约为 2 米的长形恐龙化石，堪称无价珍宝。

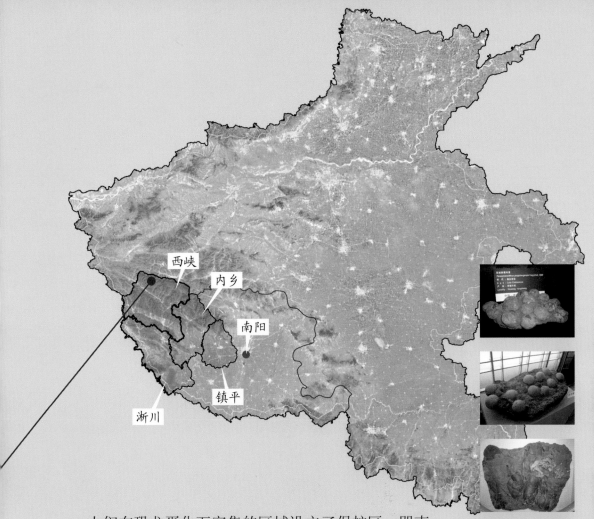

西峡
内乡
南阳
镇平
淅川

不同类型的
恐龙蛋化石

人们在恐龙蛋化石密集的区域设立了保护区，即南阳恐龙蛋化石群保护区。根据统计，到目前为止，这里出土的恐龙蛋化石数量不少于万枚。这样庞大的数量占据全国恐龙蛋化石产量的 90% 以上。而且，经古生物学家现场初步勘测，当地恐龙蛋化石的地下储量不少于 2 万～3 万枚。

南阳龙和恐龙蛋的复原

除了恐龙蛋化石，南阳龙骨骼化石同样是古生物学家在河南的重大发现。在恐龙蛋化石如此密集的地区发现恐龙骨骼化石是十分罕见的。它打破了一直以来"恐龙骨架化石与蛋化石两者不能并存"的定论，具有重大的意义。

二、国外的"恐龙坟场"

说完国内主要的恐龙化石产地，让我们把目光投向国外。相对于中国的恐龙化石发现来说，国外的恐龙化石种类更加丰富多样，研究工作也开展得更早些。

1. 阿根廷：巨龙的国度

提到南美洲的阿根廷，许多人可能会想到足球、球队。不过，若把时间倒退1亿多年，在那个人类远未出现的中生代，这片土地上却生活着自地球诞生以来体形最大的一批远古巨龙。

生活在阿根廷的巨龙们

巴塔哥尼亚是著名的化石出产地。虽然现在大部分地区被沙漠覆盖着，但在白垩纪时，这里植被茂盛，水草丰美，十分适合动物生存。在这里，体形巨大的植食恐龙自由自在地生活着，一些以它们为食的大型肉食恐龙也定居于此。

巴塔哥尼亚欢迎八方游客的恐龙广告牌

正在野外工作的古生物学家

阿根廷龙

1987 年，阿根廷出土了一批残缺的巨大的恐龙骨骼化石。这些骨骼化石全都大得吓人，其中最大的脊椎骨化石足有一个成年人大小。看到这些化石以后，古生物学家意识到，他们发现了一个了不得的庞然大物。1993 年，这种巨大的恐龙被命名为"阿根廷龙"。有资料显示，阿根廷龙生前身长在 30 ~ 40 米之间，体重达到 90 吨以上。

阿根廷龙的椎骨化石

儿童与阿根廷龙化石骨架的对比给人以强烈的视觉冲击力。

柱子一样粗壮的阿根廷龙股骨化石

南方巨兽龙

1993 年，古生物学家在巴塔哥尼亚地区发现了较为完整的南方巨兽龙骨架化石。它们是一种大型肉食者。不过，由于骨骼化石不全，人们对其体形争议很大。目前，较为权威的数据表明，南方巨兽龙体长在 12 ~ 13 米之间，是肉食恐龙家族里的大家伙。

图片为南方巨兽龙头骨化石。锋利的牙齿显示出它们是凶残的肉食者。

13

2.美国恐龙国家纪念公园：侏罗纪恐龙的安息地

美国也是恐龙大国，拥有许多恐龙化石产地，恐龙国家纪念公园就是其中之一。该公园约有800平方千米，是全世界最具多样性的侏罗纪晚期恐龙化石遗址。古生物学家在这里发现了上千具蜥脚类、兽脚类恐龙的骨骼化石。

恐龙国家纪念公园内有一段长长的化石岩墙，上面密密麻麻地镶嵌了1500多块恐龙骨骼化石。它们都是经洪水堆积作用而形成的奇妙遗存。

恐龙国家纪念公园的内部环境

堆积的尸骨

经过多年的发掘和研究，古生物学家发现，恐龙国家纪念公园里的骨骼化石分布比较密集，偶尔还会在某片区域出现化石一层叠着一层堆积的情况。他们结合当地环境分析后认为：早在侏罗纪晚期，这里气候温暖潮湿，水源充足，植被茂盛，生活着大量恐龙，但由于地势平坦，每逢雨季就会发生洪水。泛滥的河洪把死去的恐龙冲走，堆运到水流减缓的地方。之后，它们被沉积物覆盖，最终变成化石。

14

镶嵌有恐龙骨骼化石的陡峭岩壁

3. 加拿大艾伯塔省恐龙公园：世界自然遗产

位于加拿大南部的艾伯塔省以白垩纪晚期各种珍贵的恐龙化石享誉世界。出于保护化石的目的，1955 年，艾伯塔省正式建立了恐龙公园。它是世界重要的恐龙化石发现地，1979 年被联合国教科文组织列入《世界遗产名录》。

古今差异

艾伯塔省恐龙公园现在是一片辽阔的荒原。长年累月的大风侵蚀改变了它的地貌，形成石柱、山峰以及五颜六色的岩层交相辉映的奇特地形。

但是，在白垩纪时期，这里应该是一片植被繁盛的地区。郁郁葱葱的森林覆盖了这片土地，吸引了许多植食恐龙在这里繁衍生息。这间接刺激了肉食恐龙数量的增加。

从 19 世纪 80 年代起，古生物学家在艾伯塔省恐龙公园陆续发现了超过 300 具保存良好的恐龙化石，种类达 30 余种，包括角龙、暴龙、鸭嘴龙等"恐龙明星"的化石。

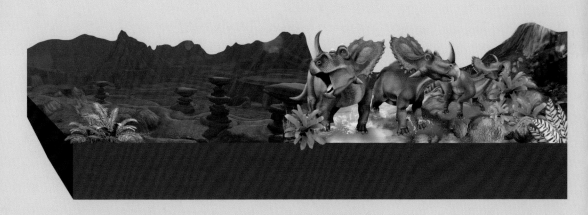

恐龙公园里最著名的景点就是"尖角龙公墓"，即一大片由尖角龙骨骼化石铺砌而成的"骨床"。整个墓地看起来十分凌乱，尖角龙的化石四处暴露。据古生物学家推测，在白垩纪晚期，一大批尖角龙试图穿过湍急的河流迁徙，结果被突然暴发的洪水淹没。经过千万年的岁月沉淀，这里最后形成了我们现在看到的景象。

恐龙之最

化石最早被发现的恐龙——禽龙

1822 年冬的某天，英国的曼特尔夫妇途经一条正在修建的公路时，发现了一些奇怪的石头。当时他们还不知道，这些石头将成为英国乃至世界最早发现的恐龙化石。

恐龙化石第一次出现时，没人知道化石显示的是什么生物。曼特尔认为这种生物的牙齿与鬣蜥的牙齿很像，所以给它取名"Iguanodon"，意为"鬣蜥的牙齿"，杨钟健先生将之翻译为"禽龙"。但是，由于登记"户口"时晚了一步，禽龙虽然是化石最早被发现的，却只能作为恐龙家族中第二种拥有名字的恐龙。

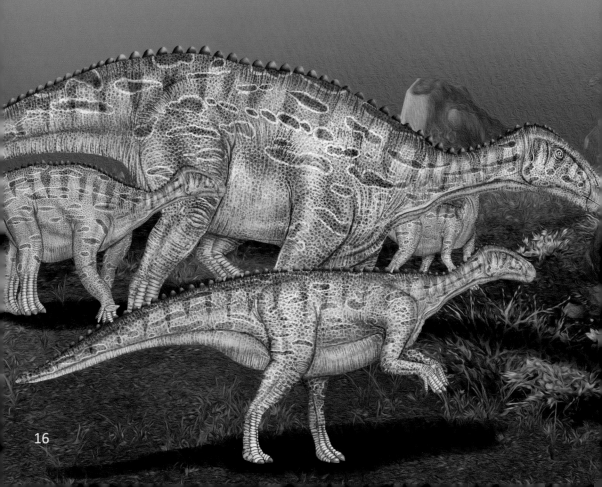

脑袋最大的恐龙——五角龙

　　五角龙是生活在白垩纪时期的恐龙，属于角龙类。它们和其他角龙类成员一样，长有巨大的头骨、强劲坚硬的喙状嘴以及坚硬可怕的利角。不过，相较于其他角龙类成员，它们头骨的规格大得惊人。古生物学家在收齐、复原五角龙的头骨化石碎片后发现，它们头骨的长度超过了3米！这让五角龙一举成为从古到今陆地上脑袋最大的动物。

五角龙的头骨

头冠最长的恐龙——副栉龙

副栉龙属于鸭嘴龙类，生存于白垩纪晚期，因头顶独特的冠饰而成为中生代鸭嘴龙家族中耀眼的明星。

它们的头冠修长圆滑，向后延伸，长度可以达到 2 米。起初，古生物学家认为这种头冠是副栉龙用来求偶的，但随着研究的深入，他们发现副栉龙的头冠是中空的，内部是空心的细管。头冠和副栉龙的鼻子相连。当副栉龙给鼻子加压充气时，长而弯曲的头冠就会发出低沉的声音。

脖子最长的恐龙——马门溪龙

目前被正式命名的脖子最长的恐龙是马门溪龙。

它们是中国发现的最大的蜥脚类恐龙之一，身长为二三十米，最长能达到 35 米。其中，它们的脖子可达到 15 米。也就是说，它们的脖子相当于体长的一半，比一般的长颈鹿的脖子长 6 倍！

作为植食恐龙中的"巨人"，马门溪龙只要站在地面上，就能轻松吃到长在高处的树叶。它们的牙齿呈勺状。这应该是为了更加适合进食当时的植被。

最早拥有名字的恐龙——巨齿龙

恐龙家族中最早被科学地描述和命名的成员就是巨齿龙，其拉丁文的意思是"采石场的巨大蜥蜴"。

巨齿龙是一种身形庞大的恐龙，会残暴地猎食其他动物。它们的头骨很大，强有力的上下颌上布满锋利的牙齿，像一把把倒插着的匕首。它们的"手指"和"脚趾"上还长着尖利的爪。具备这些有利的武器，巨齿龙能够随时攻击猎物。

爪子最长的恐龙——镰刀龙

镰刀龙的化石首次发现于荒凉寒冷的蒙古戈壁滩上。当时因为不知道化石显示的是何种生物，人们还闹出过不少笑话。有人说这种生物是一种未知的乌龟，也有人说是一种盗龙类恐龙。直到科考人员在蒙古再次发现一块巨大的前臂骨骼化石以及一些指爪化石，人们才证实那其实是一种新型恐龙。

在人们发现的巨大指爪化石中，最长的甚至达到 1 米，比人的臂膀还要长。由于发现的化石标本外形呈镰刀状，古生物学家便将长着这种大爪子的恐龙命名为"镰刀龙"。这是目前已知的爪子最长的动物。

头骨最厚的恐龙——肿头龙

　　肿头龙是生活在白垩纪晚期的恐龙。它们的头骨后面长有突起的骨质棚，厚约 25 厘米，里面几乎全是实心的。其头骨的边缘还长有一圈密集的骨质瘤。这些既是肿头龙家族成员的特有标志，也让它们拥有了坚硬的"钢盔"武器。

　　值得一提的是，肿头龙喜欢过群体生活，而雄性肿头龙为了争当领头龙，时常用"钢盔"与同类一决高下。它们相互撞击，发出"砰砰砰"的巨响，最后脑袋最硬、耐力最强的肿头龙会成为群体的"领头人"。当然了，倘若有外敌来犯，"钢盔"就会成为它们顶撞外敌的武器。

最聪明的恐龙——伤齿龙

伤齿龙因其尖锐的牙齿而得名。

它们高1米左右，体长约为2米，体重接近60千克。和身体相比，伤齿龙的脑袋比较大。它们是所有恐龙中头部占身体比例最大的一种。同时，它们的感觉器官非常发达。因此，古生物学家推测：伤齿龙的大脑可能是恐龙中的"最强大脑"。它们可能拥有恐龙族群中最高的智力，是恐龙家族里最聪明的成员。

后来，有人提出"恐龙人"的猜想。他们认为，伤齿龙如果没有灭绝，很可能会进化成"恐龙人"，取代人类成为地球上的"主宰者。

牙齿最多的恐龙——鸭嘴龙

目前已知的牙齿最多的恐龙应该是鸭嘴龙。

鸭嘴龙因口鼻扁平、拥有宽阔的鸭嘴状吻端而得名。它们的牙齿不仅数目多得惊人，结构也很特殊。在它们那扁阔的大嘴里，其上下颌上长有成百上千颗牙齿。这些牙齿长在齿骨上，密密麻麻地排列成数行，有的呈交叉排列，能够让鸭嘴龙轻松地磨碎坚硬的植物。

不过，鸭嘴龙的牙齿一旦磨损，表面就会像铺石的路面一样坑洼不平，之后会被逐渐地顶出来进一步受到磨损，最后换成新的牙齿。

恐龙化石知多少

走进恐龙世界

ZOUJIN KONGLONG SHIJIE

恐龙大百科

张玉光 ◎ 主编

青岛出版集团 | 青岛出版社

恐龙是"石头"

在 19 世纪之前，人们对恐龙几乎一无所知。直到英国的曼特尔夫妇发现了一些奇怪的石头，恐龙才开始走进人们的视野。随着恐龙化石一点儿一点儿被发现，恐龙的面貌越来越清晰。如今，再提起恐龙，几乎无人不知、无人不晓。在屏幕里，恐龙威风霸气、勇猛无敌，其王者之气令人热血沸腾。可是，无论怎样演绎，现实中的恐龙也只是一堆不会动的"石头"罢了。为了让这些"石头"能"说话"，一群"固执"的学者前赴后继地投身于恐龙的探寻、研究之中，并乐此不疲。

恐龙复原图

化石骨骼复原

何为化石？

截至今天，人类对于恐龙的认知几乎全部来自恐龙化石。化石是指生物死亡后，经过漫长的地质作用，其埋藏在地壳中的遗体、遗迹发生石化作用变成的像石头一样的东西。

三角龙骨架复原

永川龙头骨化石

化石很坚硬，在地壳中保存的时间长得令人难以置信。它们是被保存下来的生物实证，跨越上亿年的时光，只为向人们揭开史前生物生存的秘密。

高圆球虫化石

恐龙化石的发现与命名

对于许多人来说，1822年也许是非常普通的一年，但对英国的乡村医生吉迪恩·曼特尔和他的夫人来说，这一年显得非同寻常。就是在这一年，曼特尔夫妇偶然间发现了一堆奇怪的骨骼和牙齿化石。凭着自己的一些解剖学基础知识，曼特尔医生将这些化石的主人画成了一只巨大的蜥蜴。可以说，这些化石就是打开恐龙研究大门的钥匙。

曼特尔夫妇

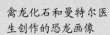

禽龙化石和曼特尔医生创作的恐龙画像

其实，在曼特尔夫妇之前，恐龙化石就曾被发现过，只不过由于那时知识水平有限，人们还不能对这些化石进行正确的解释。比如：早在1000多年前的中国晋朝就有人发现过恐龙化石，当时人们把这些化石当成了传说中的龙骨；1677年，一个叫普洛特的英国人发现了恐龙化石，并写进一本书中，但他并没有认识到这些化石的主人就是恐龙。

1842年，英国著名的博物学家、解剖学家理查德·欧文将这些化石所显示的生物命名为"恐龙"。

禽龙头骨化石

理查德·欧文

禽龙牙齿化石

禽龙的前指化石，其大拇指爪曾被当成鼻角

禽龙化石

3

恐龙化石的形成

并非所有的恐龙都能在历史的漫漫长河中留下自己存在的证据，只有那些死亡后尸体被迅速掩埋的恐龙才有可能变成化石。化石的形成是一个相当漫长而复杂的过程，需要上万或者上百万年的时间。在化石形成的过程中，岩层压力的变化、地壳温度的影响、雨水的侵蚀都有可能让这些珍贵的"石头"破碎甚至消失。

石化过程

动物身体的坚硬部分，如骨骼和硬壳，是由矿物质构成的。矿物质在地下水的作用下会慢慢分解、重新结晶，变得更加坚硬，并最终形成新的矿物质沉积下来。这个过程叫作"石化作用"。

恐龙化石是这样形成的

一只恐龙死亡后会被湖水或河流淹没。尸体沉入水中，开始慢慢腐烂。

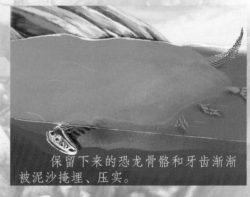

保留下来的恐龙骨骼和牙齿渐渐被泥沙掩埋、压实。

随着时间的推移，泥土一层又一层地沉积。恐龙牙齿和骨骼的矿物质在地下降解，重新结晶，经历石化作用，变得更加坚硬。

很多年后，由于地壳抬升、风化剥蚀等作用的影响，恐龙化石出现在人们的视野中。

寻找恐龙化石

博物馆中的很多恐龙骨架高大威猛，王者之气扑面而来。面对它们时，除了感到震撼，你是不是同时会有些许疑惑：这些年代久远的化石是如何被发现的，又是如何被挖掘的呢？怎样才能找到恐龙化石呢？其实，恐龙化石的发现和重见天日是天时、地利、人和的综合结果，其中地利与人和尤为重要。

地利

寻找恐龙化石，地利是第一要素，因为化石可不是凭空出现的。所以，首先我们一定要了解哪里会有"龙"出没。

寻找化石

1. 前期野外地质踏勘，确定有无化石存在。因为恐龙是生活在中生代的动物，所以寻找恐龙化石的野外工作要针对中生代地层展开。

2. 查阅地质资料，多方寻找线索。根据资料查找先前的化石发现记录。如果是在人类生活区寻找化石，可以先向当地人打听，以减少不必要的徒劳工作；如果在无人区寻找化石，就要根据野外暴露出来的化石碎片来发现或寻找蛛丝马迹。

新疆五彩湾化石富集地

3. 进行小规模野外发掘。在野外踏勘的过程中，要根据已经掌握的资料逐步缩小范围。比如：在陆相恐龙地层存在的山头寻找线索，可仔细巡查有无恐龙化石的残碎片。如果发现残碎片，很有可能就会在附近发现恐龙化石。

人和

并不是任何人都能识别出恐龙化石，只有拥有丰富的地质、古生物学知识，并进行了充分的准备工作，才能避免陷入"入宝山却空手而归"的窘境。找到化石点后，真正的野外挖掘工作才算开始。对古生物学家来说，恐龙化石的发掘需要99%的艰辛加上1%的运气。

挖掘工作开始了！

①野外生活区

1. 选择野外工作场地，组建生活区。要在距离工作区不远处的安全位置搭建生活帐篷，准备生活、工作物资。

2. 进行小范围的试发掘，寻找化石点。当在野外找到化石或已确定富含化石的层位时，要先进行小规模的试发掘。

②试发掘现场

3. 进行大型发掘时，对化石进行顺序编号、绘图和拍照记录。如果有足够的证据证明该地点有恐龙化石，那就要开展大规模的发掘工作。除了动用大型工具使岩层大面积出露，还要为室内科学研究做好前期一手资料的收集工作。

4. 对于风化或破坏严重的大型骨骼化石或者不易取出的小型骨骼化石，要打包石膏（亦称"皮劳克"），将化石固定包裹起来。

5. 将化石运回室内，开展修复、研究工作。

刷子

发掘辅助工具

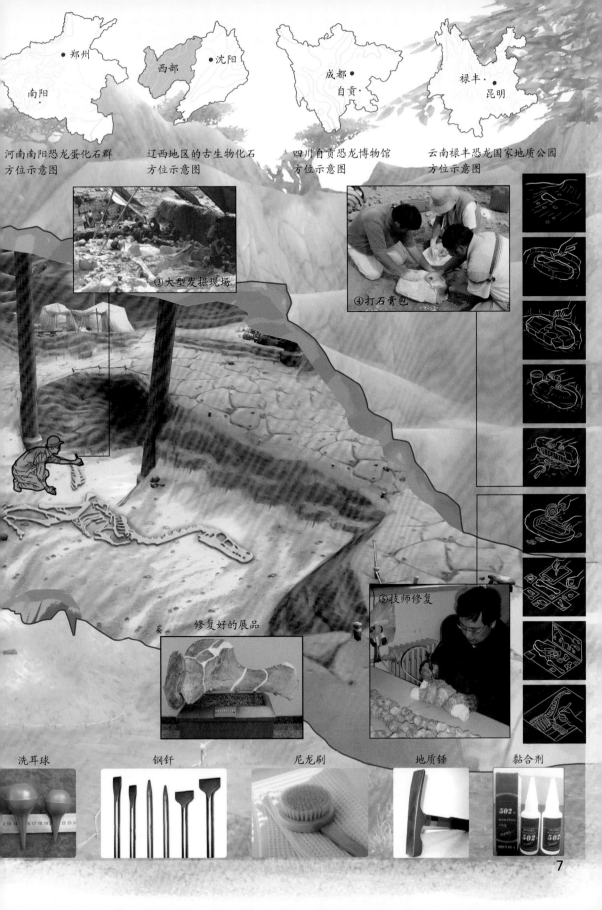

河南南阳恐龙蛋化石群
方位示意图

辽西地区的古生物化石
方位示意图

四川自贡恐龙博物馆
方位示意图

云南禄丰恐龙国家地质公园
方位示意图

③大型发掘现场

④打石膏包

⑤技师修复

修复好的展品

洗耳球　　　　钢钎　　　　尼龙刷　　　　地质锤　　　　黏合剂

7

各种各样的恐龙化石

潜伏在地壳岩层中的化石是"一位伟大的历史学家"。它不用文字，也不用声音，就能将各种恐龙保存上亿年之久，并高度还原地展现在人们眼前。恐龙化石并非特指骨骼化石，还包括恐龙蛋、恐龙脚印、恐龙粪便等其他遗存形成的化石。它们在地球岁月的磨蚀下尽显生命的瑰丽和精彩。

辨骨识"龙"

恐龙死亡后，只有躲过食腐动物、昆虫以及细菌等多方视线，并在适当的地质作用下才能有幸成为化石。在这些经历漫长历史的恐龙化石中，尤以骨骼化石最为人们所熟悉。通过这些石头，科学家们能推断出恐龙的体形、种类等。不过，比较完整的骨骼化石相对而言还是很稀少的。

鹦鹉嘴龙进食

妙不可言的科学推断

恐龙化石还可以向我们传递很多其他的重要生命信息。例如：古生物学家可以通过判断化石所在的地层层位推断出恐龙的生存年代，或者通过骨骼化石的形态推断出它们是什么部位的秘密武器以及化石所显示的恐龙是否四肢发达、善于奔跑等。再者，恐龙化石的形态和结构还会告诉我们恐龙的捕食、御敌行为以及生活方式等。

寐龙复原图

巨蛋猜猜猜

作为庞大的爬行动物家族的成员，恐龙也是通过产蛋来繁殖后代的。恐龙蛋作为我们探秘恐龙世界的一条重要线索，也被地层定格和珍藏。那么，恐龙蛋化石是怎么保存下来的？恐龙蛋化石中又蕴藏着哪些秘密呢？

蛋形大不同

恐龙大家族里有很多成员，并且这些成员的蛋的形态有明显的差异。古生物学家通过研究大量的恐龙蛋化石发现：植食恐龙的蛋多为椭圆形，蜥脚类恐龙的蛋接近于圆形，而肉食恐龙等兽脚类恐龙的蛋通常是长圆形或长形的。

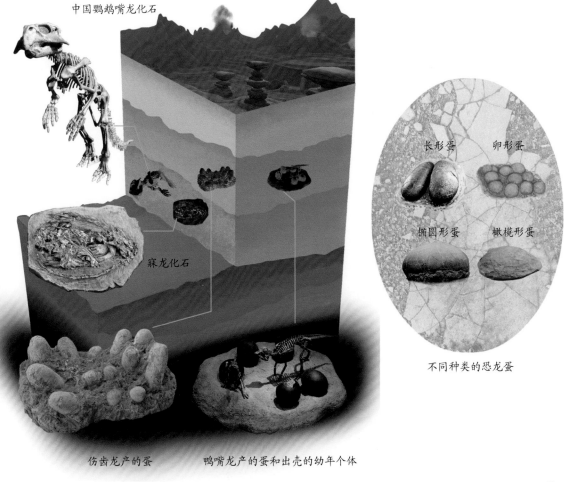

中国鹦鹉嘴龙化石

寐龙化石

长形蛋　　卵形蛋

椭圆形蛋　　橄榄形蛋

不同种类的恐龙蛋

伤齿龙产的蛋　　鸭嘴龙产的蛋和出壳的幼年个体

9

摆蛋有讲究

 古生物学家通过研究发现，许多恐龙蛋的生理摆放是有科学依据的。例如：伤齿龙大都将蛋产在河岸、湖边等湿润地带。它们会先用爪子建好巢穴，然后蹲坐下来，让身体呈现直立或半直立姿势。这样，它们产卵时就可以把一个个的蛋直立插入松软的沙土中。这种竖立的排列方式能促进蛋内气囊的发育，从而保证胚胎的顺利成长。

伤齿龙产蛋

蛋中有"因"

 尽管与现生动物的蛋相比恐龙蛋的个头已经很出众了，但这些蛋与它们母亲的体形相比仍然小得可怜。为什么恐龙蛋不能再大一些呢？要知道，蛋越大就越需要较厚的蛋壳来支撑。如果这层"墙壁"太厚，睡在里面的小恐龙胚胎呼吸就会很困难。另外，小恐龙出生时想要钻破蛋壳也会变得异常艰难。所以，恐龙蛋的大小也取决于繁殖后代的需要。

安德萨角龙破壳而出

窥探胚胎发育的秘密

　　很多恐龙蛋化石里面珍藏着还未出世的幼龙胚胎化石。古生物学家要先对恐龙蛋化石进行扫描，如果发现胚胎化石，就会小心地把岩石敲开修掉或用化学试剂溶解掉。这项工作看似简单，其实要耗费大量工夫，有时古生物学家们甚至需要用一年的时间才能看到蛋壳中的胚胎骨骼和结构组织。

　　不过，有了这些胚胎化石，我们就能获知恐龙出世之前是如何发育的，从而更全面地了解恐龙的"前世今生"。

镰刀龙胚胎化石

圆顶龙胚胎模型

不同的恐龙牙齿化石

梁龙头骨化石

霸王龙头骨化石

永川龙牙齿化石

霸王龙牙齿化石

牙齿会"讲话"

尽管恐龙的牙齿都属于槽生同型齿,终生都在生长,但是我们还是能从牙齿的一些细节上分辨出某一类恐龙属于植食一族还是肉食一族。

肉食恐龙的牙齿通常长短不一,排列也不紧密,而且往往呈匕首状,前后缘或后缘有小锯齿。一些大型肉食恐龙还会在锯齿基部发育出褶皱。这样的牙齿构造应该是为撕裂、咬碎肉类所准备的。

植食恐龙的牙齿通常又平又直,没有锯齿。它们的牙齿排列紧密,为的是便于咀嚼。很多植食恐龙牙齿的形状和大小甚至取决于它们常吃的植物的类型。

恐龙的粪便化石

恐龙的食量一般很大，特别是大型植食恐龙，食量尤其大。因此，它们产生的粪便也很多。可是，由于条件限制，只有少部分粪便会变成化石被保存下来，而且通常识别粪便化石很费劲。通过研究恐龙粪便化石，我们可以知晓恐龙更多的生理信息，重要的是，可以解密恐龙的食性。

食谱佐证

通过研究粪便化石中的成分，古生物学家可以推测出恐龙的食性：肉食恐龙的粪便大都夹杂着一些细碎的骨头残渣，而植食恐龙的粪便里通常有尚未被消化的植物叶片和种子。但是，因为粪便无法在各种外界因素的考验下原样保存下来，所以我们要想弄清一些粪便是哪种恐龙遗留下来的非常困难。

恐龙的粪便化石

蜣螂会分解恐龙留下的粪便

植食恐龙的粪便化石

罕见之谜

与恐龙骨骼化石相比，恐龙粪便化石非常少见。这是因为恐龙粪便形状不规则，很难被发现。另外，粪便比骨骼要软得多，受气候、环境、昆虫分解等外界因素的影响，能够保留到现今的概率简直小之又小。

肉食恐龙的粪便化石

除了以上这些较为常见的种类，人们还发掘过恐龙皮肤印痕、觅食痕迹、足迹、巢穴等方面的化石。这些珍贵的化石是恐龙专家们研究恐龙的重要资料。

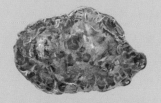

人们在恐龙粪便中发现
了侏罗纪时期的植物

13

恐龙化石的组装

我们在很多博物馆里有时能见到巨大的恐龙骨架。不过，你知道吗？这些骨架在最开始时可能只是一堆零散的、沾满泥土的化石。古生物学家到底用了什么"法术"，才让它们焕然一新呢？

理清顺序很重要！

要把一堆散乱的恐龙化石重新理清顺序，然后恢复恐龙本来的面貌，可不是一项简单的工作，除了要对恐龙的骨骼构造了如指掌，还要有一定的细心和耐心。

1.**清理化石**：在恐龙化石被打包运往实验室后，工作人员要小心翼翼地取出来，然后把每一块化石上的杂物清除掉，而且不能对化石造成损伤。

实验室里的皮劳克

小心打开皮劳克，露出里面的化石。

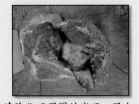

清除化石周围的岩石、泥土。

清理完成，化石暴露出来。

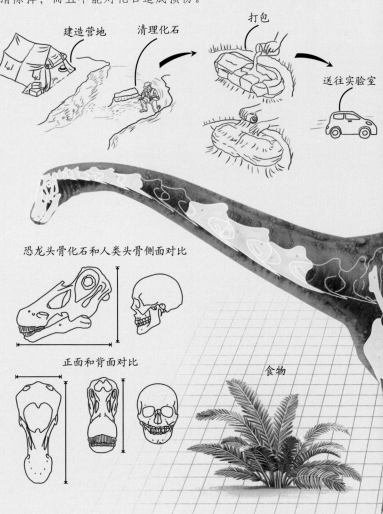

建造营地　　清理化石　　打包

送往实验室

恐龙头骨化石和人类头骨侧面对比

正面和背面对比

食物

2. 研究与记录： 面对清理完成的化石，工作人员接下来要做的事情就是进行研究。他们要弄清楚这些化石属于哪种恐龙、位于恐龙身体的什么位置、彼此的名称是什么以及这些化石该怎么关联到一起。在此期间，工作人员会详细记录、研究得到的数据。

3. 补全"零件"： 值得注意的是，出土的骨骼化石或多或少会缺少些"零件"，不会存在结构 100% 完整的化石。这时，之前记录的数据就派上用场了。工作人员会根据数据记录和已有的化石，用一些材料（石膏之类）补全缺失的部位，然后对它们进行标记。

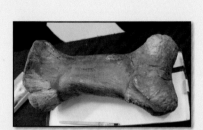

化石分类

记录化石

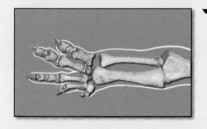

身高、体长对比

1M

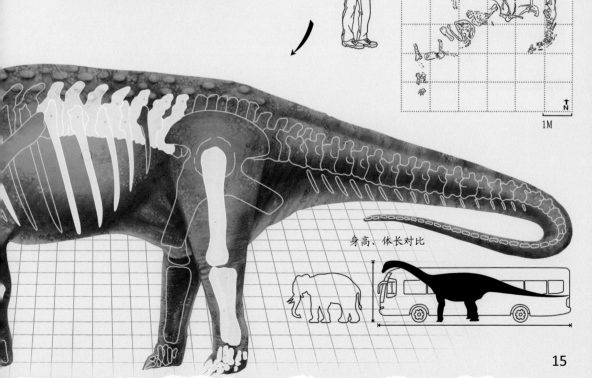

15

让恐龙"站"起来！

理清恐龙化石的顺序，工作是不是就结束了？等等，先别急。你注意到没有，此时的化石和博物馆里展出的似乎有些不一样？这就涉及接下来的工作——让躺在地上的恐龙重新"站"起来，也就是"装架"。

1.按照拟定好的装架姿势，分段制作、组装金属钢架，然后用底座固定好。

2.进行安装前的准备工作——按照顺序摆放骨骼化石，一是为了安装时省事，二是为了防止出错。

"装架"不就是把分散的恐龙化石连在一起吗？多容易啊！你要是这样想的话，那可就错了。这可不只是专业人员的脑力活，更要求专业人员是技术过硬的好车工！

3.通常，最先安装的部分是恐龙的腰带（骨盆），以便于工作人员在安装过程中掌握平衡。他们同时也要不断地加固安装位置，以防止化石意外掉落。

4.安装好腰带（骨盆）以后，再连续在其前后方安装对应的骨骼化石。在安装大型恐龙骨架的时候，可以动用机械设备，既事半功倍，又可以节省人力和时间。同时，不要忘记对已经装好的骨骼进行再加固。

5.恐龙的头骨位于整个钢架的最前端，要最后安装。这样做不仅符合安装顺序，也利于保证钢架的平衡，避免珍贵的头骨化石受到意外损伤。

6.组装完成后，再次检查一下安全性。因为要进行公开展示，所以要给化石有损伤的部位做一下"美容"，涂抹上和化石颜色相同的油彩（不会损害化石），将损伤处遮盖住。

安装对应位置的骨骼化石，并进行固定。

安装头骨，同时进行加固。

再次检查化石。

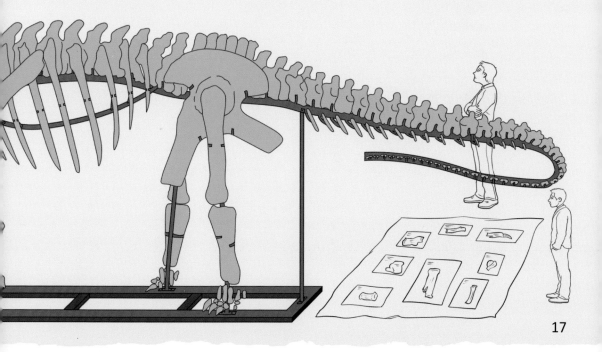

让沉睡的恐龙重生

在一些博物馆中，我们还会看到摆放在显眼位置、栩栩如生的恐龙复原模型。你也许会想，恐龙已经灭绝了数千万年，只留下了深埋在地层中的残缺不齐的化石，那么人们究竟是如何根据一块块残破的化石把它们还原成有血有肉的样子的？其实，复原恐龙是古生物学家工作的重要组成部分，里面含有很多的奥秘！

根据科学依据复原恐龙

恐龙复原工作虽然需要丰富的想象力，但也不能凭空想象。古生物学家在对恐龙进行复原前，常常要进行许多详细、认真的考证以及无数次的模拟，最后再进行实际动手操作。这样做是有着严谨的科学道理的。

澳大利亚博物馆中非洲猎龙的复原模型

蜥蜴的皮肤上布满鳞甲

1. 认真观察，从骨骼化石的表面寻找线索。虽然大部分恐龙化石残破不堪，但如果细心研究，我们就会发现它们的表面常常隐藏着一些关键的小细节，比如肌肉结构、关节连接的痕迹等。

甲片和毛发共存的犰狳

2. 合理想象，从现代动物的身上寻找灵感。古生物学家虽然已无法获知关于恐龙的具体信息，但会从许多现生动物身上汲取知识，进行大胆而又合理的假设、推演。毕竟，在生物演化过程中，不同物种之间存在着一定的相关性。比如：对于恐龙的皮肤是什么样的，古生物学家就会借鉴蜥蜴、犰狳等动物的皮肤特点来推断。

3. 反复试验，减少复原时出现的疏漏。
进行恐龙复原，再怎么小心也不为过。古生物学家在进行复原前，会制作一个简略的模型，然后在它的基础上慢慢填充骨骼、肌肉等。当对简易模型熟悉得八九不离十时，古生物学家就可以正式复原恐龙了。

3D 数字模型：随着科技的进步，除了采用传统的复原方法，古生物学家还可以使用电脑制作恐龙的 3D 数字模型。和传统模型比起来，3D 数字模型不仅细致、真实，而且可以不断进行调整，方便人们从各个角度进行观看。另外，3D 数字模型还能进行动作展示。

各部位的复原

复原恐龙是一项精细的工作，不是一下子就能完成的。有时，古生物学家复原一只恐龙需要数年时间。即便现代科技发展飞速，制作一只恐龙复原模型仍然需要花费他们不少心血。古生物学家在对恐龙进行"白骨生肉"的复原时，常常要从不同的部位着手。

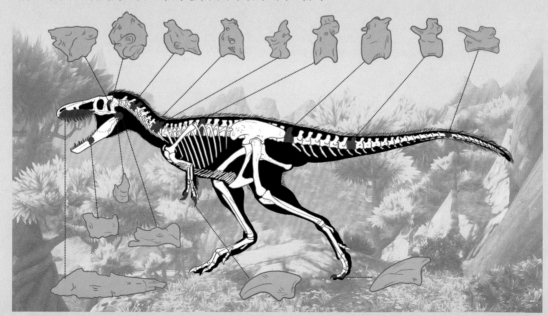

1.骨骼化石的发掘清洗与辨别组装

前面我们已经介绍过，在发掘出化石后，古生物学家首先要做的就是清理加固，然后对每一块化石进行描图，并辨别骨骼的名称，记录关键数据，最后把骨骼化石拼装在一起，摆出符合恐龙特点的姿势，还原出其大概的形态。这是复原恐龙的基础步骤。

2.肌肉结构的重塑

在完整的恐龙骨架构建完成后，古生物学家就要添加肌肉了。某些保存较为完好的化石表面留有韧带、肌肉附着的痕迹。这对复原恐龙的肌肉结构有很大的引导和帮助作用。另外，古生物学家也会参考现生动物的肌肉结构来辅助工作。

3.掺杂想象力的皮肤复原

在所有部位中，恐龙的皮肤是最难复原的。古生物学家经常会遇到两个问题：一是恐龙的皮肤不易形成化石，人们无从得知恐龙皮肤的表面是长满鳞甲还是覆盖着羽毛；二是恐龙皮肤的颜色与明暗在化石保存中无法记录。因此，在复原皮肤时，古生物学家往往需要开动脑筋合理想象。

◆ 恐龙骨架还原后的模拟图
（涂色的地方为缺失部位）

◆ 恐龙全身肌肉复原图

◆ 恐龙复原图

与时俱进的观点：值得一提的是，恐龙复原工作不是一成不变的。随着古生物学家研究的深入，关于恐龙形态、姿容的新证据不断出现，相关理论也在不停更新。因此，古生物学家有时会发现自己以前对于恐龙的认识存在误差，甚至在某一阶段内复原的恐龙模型存在错误。

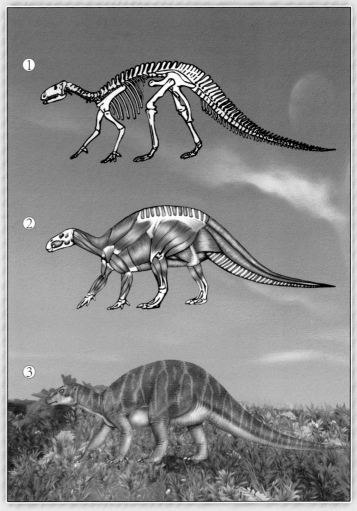

一步步科学复原的禽龙

▼ 下列两幅图显示的是复原后的暴龙头部（左图显示的模型收藏于牛津大学自然历史博物馆）。近年来的观点认为暴龙鼻孔长在吻突前端，比图中显示的要更靠近嘴部。

为恐龙安个家

古生物学家把宝贵、脆弱的恐龙化石从野外挖掘出来，完成清洗、加固、修复等工作后，该怎样安置它们呢？应该没有比修建一座博物馆为恐龙安一个特别的家更好的主意了。

每件恐龙化石都是大自然留下的珍贵宝藏。它们为人类还原了一个真实的中生代世界。博物馆通过收藏、展示恐龙化石，既为脆弱的恐龙化石提供了"休养生息"的安全场所，又可以向公众普及科学知识，为公众增添了解恐龙和破解谜团的渠道。

拥有世界上最大恐龙展厅的博物馆——比利时皇家自然历史博物馆

美国芝加哥菲尔德自然历史博物馆展出的世界最大的霸王龙骨架

美国自然历史博物馆大厅里的重龙骨架，长达12米，高约5米，由真正的化石装架而成。

德国柏林自然博物馆展出的世界最高恐龙骨架——布氏长颈巨龙骨架

四川自贡恐龙博物馆

四川自贡恐龙博物馆不仅是中国第一座专业性恐龙博物馆，还是世界上收藏和展示侏罗纪恐龙化石最多的地方之一，为研究恐龙的演化提供了丰富的原始资料。

博物馆内的挖掘坑之一　　　　　　博物馆内的恐龙化石骨架

河南西峡恐龙蛋化石博物馆

河南西峡恐龙蛋化石博物馆是目前我国国内唯一一座以蛋化石为核心展品的古生物博物馆。馆内的恐龙蛋化石"数量大、类型多、范围广、分布集中、保存完好"，号称"世界第九大奇迹"，尤其是那些直径超过50厘米的巨型长形蛋以及戈壁棱柱形蛋，更是世界上十分珍惜、罕见的品种。

戈壁棱柱形蛋　　　　　　巨型长形蛋　　　　　　恐龙胚胎化石

辽宁古生物博物馆

辽宁古生物博物馆是中国规模最大的一座古生物博物馆，除了展示各种古生物化石，还设立了专门的恐龙化石展览平台和展厅。

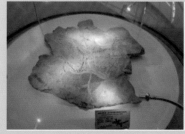

郝氏近鸟龙化石　　巨大的恐龙胫骨化石　　鹦鹉嘴龙化石

美国自然历史博物馆

　　美国自然历史博物馆的馆藏超过 3600 万件，是世界上规模最大的自然历史博物馆。它所陈列的内容非常丰富，并拥有大量与恐龙相关的资料，并会时不时地举办特别展示。

剑龙骨架　　　　　　　　三角龙骨架　　　　　　　　大鸭龙骨架

蒙古自然历史博物馆

　　蒙古自然历史博物馆是蒙古国内首屈一指的博物馆。馆内保存的恐龙化石主要来自20世纪早期美国、苏联、蒙古几个国家合作发掘的成果。其珍贵与精美程度无与伦比。

疑似鸭嘴龙蛋的蛋化石　　　　伤齿龙蛋化石　　　　　原角龙复原骨架

比利时皇家自然历史博物馆

　　比利时皇家自然历史博物馆拥有世界最大的恐龙展厅。馆内 10 具紧密排列在一起、十分完整的禽龙骨骼化石标本引人瞩目。它们是 1878 年在伯尼撒尔煤矿发掘出来的，是比利时的国宝，全部陈列在坚固如盔甲般的巨型玻璃橱内。

禽龙骨架化石